新版 なぞとき恐竜大行進 15

たかしよいち 文
中山けーしょー 絵

# フタバスズキリュウ

## 日本の海にいた首長竜

理論社

もくじ

←この角をパラパラめくると
ページのシルエットが動くよ。

ものがたり

# サメをやっつけろ！

# ちびがいない！

「クォーッ！（ほら、見《み》えたぞ、もうじきだ！）」
先頭《せんとう》をおよいでいたボスが、うしろをふりかえり、
みんなをはげますように、さけんだ。
ゆくてに、ぽっかりと島《しま》かげが見《み》える。
「クワーッ！（たすかったわ。さあ、あとひと息《いき》よ）」
いちばんうしろを行《い》くめすが、自分《じぶん》のかぞくと、
なかまたちをはげましました。

ほかのなかまたちも、その声《こえ》に
はげまされ、さいごの力《ちから》をふりしぼって、
ボスのあとをおよいでいった。

この一四ひきは、「フタバスズキリュウ」と
よばれる、くびながりゅうのなかまたちだ。

くびながりゅうは、からだつきはウミガメに
にているが、長《なが》い首《くび》をもった海《うみ》のきょうりゅうだ。

しばらくして、わかいフタバスズキリュウのあにきが、
あたりをキョロキョロ見《み》まわして、さけんだ。

「クエッ！（あれ、ちびがいないよ！）」

ボスもめすも、びっくりして、およぎをやめた。

「クワーッ！（ほんとにいないわ、ちびちゃーん！）」

めすはおろおろしながら、ちびの名《な》を大声《おおごえ》でよんだ。

海上《かいじょう》に首《くび》を出《だ》しているのは一三、たしかに一ぴきいない。その一ぴきは、なかまから「ちび」とよばれている子《こ》どもだ。

ちびのかあちゃんは、ちびを生《う》んだあと、サメにおそわれて死《し》んだ。でも、ボスやめすたち、なかまたちみんなでちびを守《まも》り、そして力《ちから》づけ、ちびはとても元気《げんき》にそだっていった。

そのちびが、いないのだ。
「クォー（いいか、みんな、おれが
さがしてくる。そのあいだみんなは、
あの島《しま》をめざして進《すす》むんだ！）」

ボスはみんなにそういうと、広《ひろ》い海《うみ》を、もと来《き》たほうへと、ひきかえしていった。

「クォーッ、クォー、クォー（ちびやーい、ちびやーい）」

とさけびながら……。

そのころちびは、青《あお》くひろがる海《うみ》を、ふらふらしながら、ひっしにおよいでいた。

もう目《め》の前《まえ》は、ぼんやりとして、なにがなんだか、さっぱりわからない。いまにも、からだがしずみそうだ。

しずんでしまったら、おしまいだ。そう思《おも》いながら
ちびは、前後《ぜんご》四つのひれをけんめいにうごかしていた。
と、どこからか、自分《じぶん》の名《な》をよぶ声《こえ》が、かすかに
聞《き》こえてきた。

けんめいにおよぎ、つかれきったちびの耳《みみ》は、
その声《こえ》を聞《き》きつけ、いっしゅんハッ！　とした。
「クォーッ！（ちびやーい！）」
ボスだ、ボスの声《こえ》だ！　ちびは、自分《じぶん》の名《な》を
よんでいるボスの声《こえ》を聞《き》きつけた。
そして声《こえ》のするほうへ、ひっしにおよいでいった。

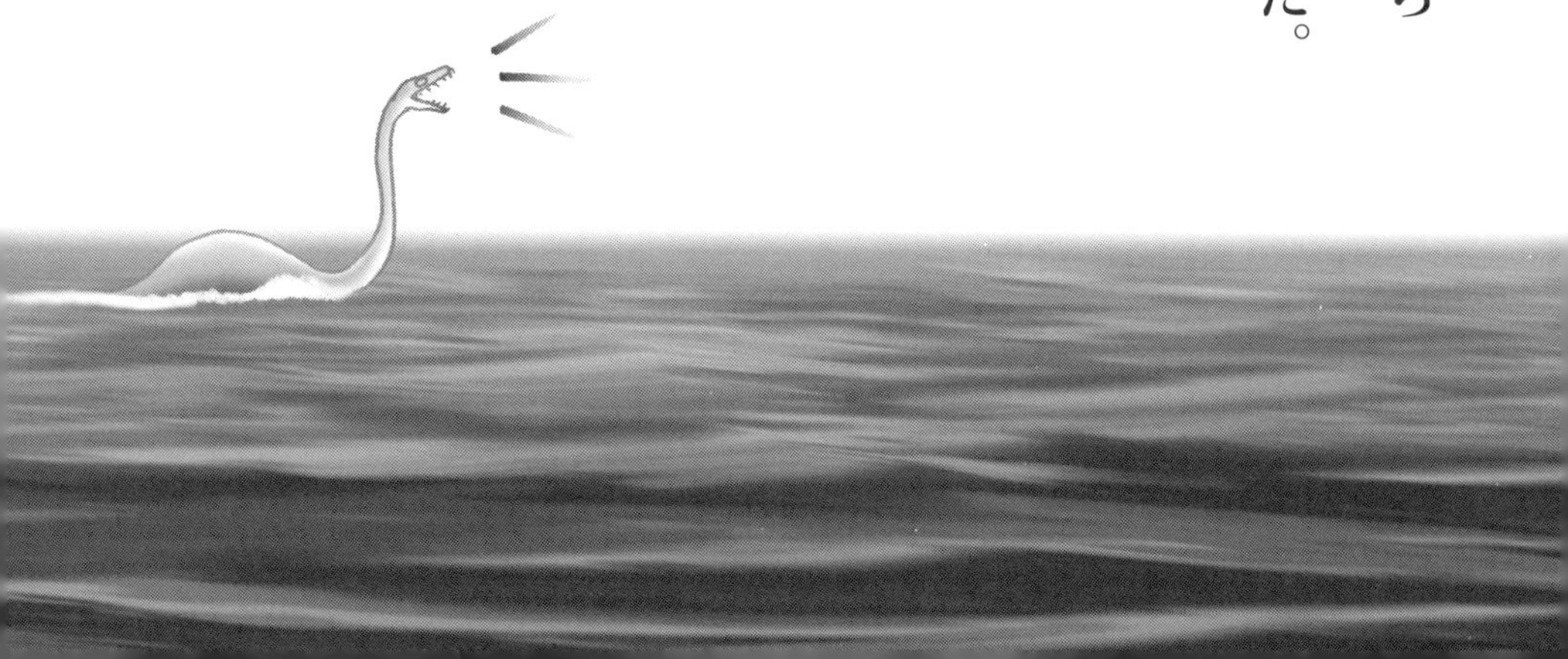

「クゥーッ！（ボスーっ！）」

ちびは首《くび》をのばし、力《ちから》いっぱいさけんだ。

ボスはちびの声《こえ》を聞《き》きつけた。そして、波《なみ》の上《うえ》にひょいとつき出《で》た、ちびの頭《あたま》を見《み》つけた。

「クォーッ！（ちびーっ！）」

ボスは、まっすぐにちびのほうにおよいできた。

「クワ、クワ、クワ、クワ（よかった、よかった、さあ、おれの背中《せなか》に、しっかりつかまりな）」

つかれて、いまにも気《き》をうしないそうになったちびを、ボスは大《おお》きな自分《じぶん》の背中《せなか》に乗《の》せた。

「クォーッ！（さあ、もうだいじょうぶだぞ。あとひと息《いき》のがんばりだ。ほら、ちゃんと向《む》こうに島《しま》が見《み》える）」

ちびはボスの背中《せなか》に乗《の》ったたまま、ぐーんと首《くび》をのばして、ゆくてを見《み》た。ゆくてには、たしかにボスがいうように、黒《くろ》ぐろとした島《しま》かげが見《み》えた。

ちびを背中《せなか》に乗《の》せたボスは、その島《しま》へ向《む》けて、力《ちから》いっぱいおよいでいった。

## あたたかい南《みなみ》の海《うみ》

ごつごつとした岩《いわ》と、緑《みどり》の木《き》がしげりあう島《しま》の砂浜《すなはま》に、二ひきのなかまたちは上陸《じょうりく》して、からだを休《やす》めていた。

その島《しま》をめざして、向《む》こうの海《うみ》から、ちびを背中《せなか》に乗《の》せたボスが、ぐんぐんおよいでくる。

二ひきのフタバスズキリュウのなかまたちは、大《おお》よろこびだ。みんな、大声《おおごえ》をはりあげて、海《うみ》の向《む》こうからやって来《く》る、ボスとちびをむかえた。

「グワーッ！（やれやれ、これで、ひと息《いき》ついたぞ。みんなよくやった、よくがんばってくれた！）」

ちびをつれて、浜《はま》にあがったボスは、集《あつ》まってきたなかまたちのほうへ、長《なが》い首《くび》をまわしながらいった。

ボスの背中《せなか》からおりたちびは、みなの前《まえ》ですまなさそうに、顔《かお》を下《した》に向《む》けて「クォー（ごめんなさい）」と、小《ちい》さな声《こえ》でいった。

「クォ、クォ、クォ（あやまることなんかないわ。ちびくん、よくがんばった。あんなに遠《とお》い海《うみ》から、いっしょうけんめいおよいできたんだもの……）」

めすは、ちびのほうへ、ぐーんと首《くび》をのばし、その頭《あたま》をやさしくなめてくれた。

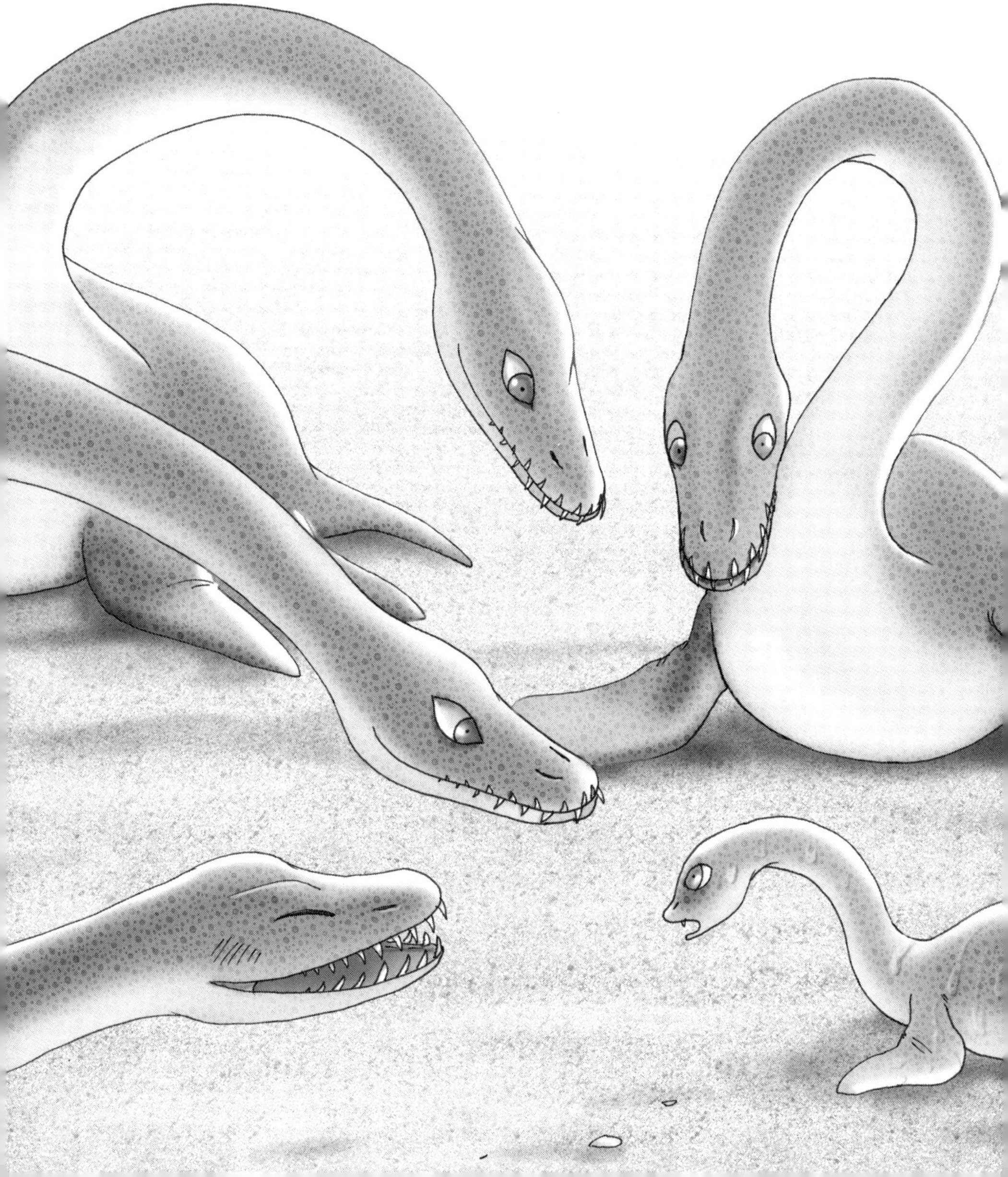

「クォ、クォ、クォー（そうだとも、おいらたち、
よくがんばったと思《おも》うよ。だって、こんなに遠《とお》くへ
およいできたの、はじめてだもの……）」
わかもののあにきは、めすのことばに
あわせるように、そういった。
「クォーン！（もう、これからは、
つめたい海《うみ》ともおさらばさ。ここなら、
海《うみ》があたたかい。これから、この島《しま》の
まわりの海《うみ》で、くらすことにしよう）」
ボスは、ようやく大《おお》きな息《いき》をつき、

あんしんした顔《かお》つきで、みんなを見《み》まわした。

「クヮクヮククヮ（よかった、よかった。これも、みんな、ボスのおかげだ。ボスが、一大決心《いちだいけっしん》をして、おいらたちを旅《たび》につれださなかったら、おいらたち、あのつめたい海《うみ》で、みんな死《し》んじまったかもしれないぞ）」

なかまの一ぴきが、ボスのほうを見《み》つめながらしみじみといった。

たしかにそうかもしれない。ボスにひきいられた、このフタバスズキリュウのなかまたちは、遠《とお》いとおい祖先《そせん》たちのころから、ずっと北《きた》の海《うみ》でくらしてきた。

ところがあるとき、空《そら》から大《おお》きないん石《せき》が、地球《ちきゅう》に向《む》けて落《お》ちてきた。はげしい音《おと》をたてて、いん石《せき》はくだけ、上空《じょうくう》にまいあがったちりは、地球《ちきゅう》をあつくおおい、太陽《たいよう》からのあたたかい熱《ねつ》と光《ひかり》を、うばっていった。

それいらい、あたたかだった海《うみ》の水《みず》も、しだいにつめたくなっていった。

北《きた》の海《うみ》にすむ魚《さかな》たちは、つぎつぎに死《し》んでいき、のこった魚《さかな》たちも、あたたかい海《うみ》をめざした。

くびながりゅうや魚竜《ぎょりゅう》など、海《うみ》のきょうりゅうたちも、つめたくなった

海《うみ》になじめず、つぎつぎに
死《し》んでいった。
このままでは、なかまは、
ぜんめつだ！

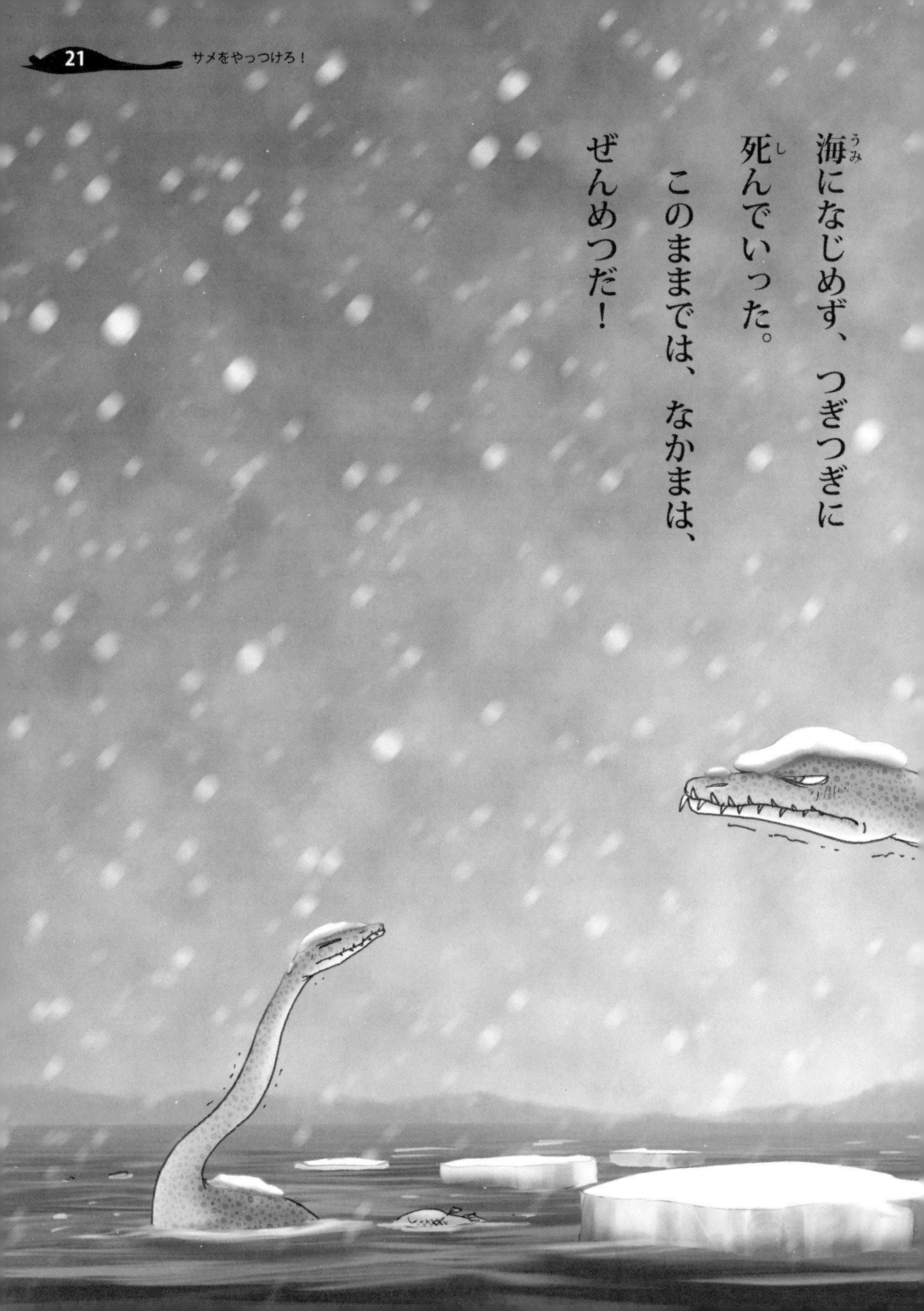

フタバスズキリュウのボスは、一大決心《いちだいけっしん》をした。それは、なかまをひきつれて、南《みなみ》のあたたかい海《うみ》へうつることだった。

こうして、長《なが》い長《なが》い旅《たび》がはじまったのだ。広《ひろ》いひろい海《うみ》を、ボスにひきいられた、フタバスズキリュウたちは、それまでいちども、けいけんしたことのない、長《なが》い旅《たび》をしながら、あたたかい南《みなみ》の海《うみ》をめざした。

みんながすっかりつかれ、もうこれいじょう進《すす》めない、というところで、ようやく

ひとつの島《しま》を見《み》つけた。

そのまわりの海《うみ》は、それまでフタバスズキリュウのなかまたちがくらしてきた北《きた》の海《うみ》にくらべて、ずっとあたたかで、しかも、魚《さかな》や貝《かい》がたくさんいた。

一四ひきのフタバスズキリュウのなかまが、生活《せいかつ》するのには、すばらしいところだ。

「クワーッ！（さあ、ゆっくり休《やす》んでくれ。おいしい魚《さかな》や貝《かい》も、この島《しま》のまわりにはたくさんいるぞ。これからは、この島《しま》が、われわれのねじろだ）」

ボスはまんぞくそうに、
なかまたちを見《み》まわしながら

いった。

そのとき上空《じょうくう》を、つばさをひろげた五、六ぴきの翼竜《よくりゅう》プテラノドンがとんできた。

プテラノドンも、この島《しま》をねぐらにしていたのだ。

「ガー！（おい、おい、てめえら、勝手《かって》に、おれたちのなわばりをあらすと、しょうちしねえぞ）」

プテラノドンの、おやぶんらしい大《おお》きな一羽《わ》が、ぐーんと急降下《きゅうこうか》してくると、フタバスズキリュウたちに向《む》かって、おどすようにさけんだ。

「クワッ！（きえろ！　出《で》てうせろ！）」

ボスは長《なが》い首《くび》をのばし、いまにもプテラノドンをひとかみするように、カチッ！　と歯《は》をならした。

びっくりしたプテラノドンのおやぶんは、あわてて上空《じょうくう》にまいあがり、なかまたちとともに、空《そら》の上《うえ》から、

「ガー！（いまにみてろ！）」

と、すてぜりふをのこして、島《しま》の向《む》こうがわへ、すがたをけしていった。

## プテラノドンをやっつけろ！

朝《あさ》、ちびは、ボスやめすやあにきたち、くびながりゅうのなかまたちといっしょに、海《うみ》にもぐった。

朝《あさ》ごはんの、魚《さかな》とりだ。

新《あたら》しくやって来《き》た、フタバスズキリュウに、これまでいた魚《さかな》たちは、びっくりしてにげまわった。

ボスもめすたちも、さすがに魚《さかな》とりがうまい。これはとねらいをつけたえものに向《む》かって、さーっと、すばやくからだをくねらせておよぎ、追《お》いつくと、たくみに長《なが》い首《くび》をのばして、パクッ！　と魚《さかな》をつかまえる。

だが、ちびはそうはいかない。あとひと息《いき》というところで、魚《さかな》ににげられた。

ちびはけんめいに、魚《さかな》を追《お》っかけた。魚《さかな》たちは、相手《あいて》がちびだから、そんなにうろたえない。

ふん、ちびのくびながりゅうだ。そうかんたんに、つかまってたまるもんかと、なかにはおどけたようすで、ちびの目《め》の前《まえ》にすーっと近《ちか》づいて、ひょいと、からだをかわし、またぐーんと海《うみ》の上《うえ》へ向《む》かってにげるのもいた。

そのあとをちびは、けんめいに追《お》いかけた。

魚《さかな》は海面《かいめん》すれすれに、にげる。
と、とつぜん、上空《じょうくう》からさーっと、
黒《くろ》いかげが落《お》ちてきた。
プテラノドンだ！

プテラノドンは、上空《じょうくう》をまいながら、海面《かいめん》にあがってきた魚《さかな》をねらって急降下《きゅうこうか》！

パクッ！

プテラノドンの、するどくとがったくちばしが、海面《かいめん》の魚《さかな》をくわえ、そのまま、さっとつばさをひるがえして上空《じょうくう》へ！

それはちびにとっては、あっというまのできごとだ。せっかくの魚《さかな》を、プテラノドンにさらわれてしまったのだ。

ちびはくやしくて、海《うみ》の上《うえ》にぐーんと首《くび》を

のばし、上空《じょうくう》のプテラノドンのかげを追《お》った。

そのとき、なんと、べつのプテラノドンが、海《うみ》の上《うえ》にすがたをあらわしたちびの頭《あたま》を、とがったくちばしで、つっついたのだ。

「クワッ！（いてーっ！）」

ちびは、あわてて、海中《かいちゅう》へもぐった。

「ケケケケケケ……（へっへっへっ、ざまあみやがれ）」

上空《じょうくう》では、プテラノドンたちが、まるであざわらうように、大《おお》きな声《こえ》でわめきたてた。

いい気《き》になったプテラノドンたちは、
海面《かいめん》すれすれにまいおりてきた。

そんなようすを、ボスは海《うみ》の中《なか》から、しっかりと見《み》さだめていた。

ボスは、魚《さかな》を海面《かいめん》のほうへ追《お》った。魚《さかな》のすがたが海面《かいめん》にあがってくるのを見《み》て、しめたと思《おも》ったのか、プテラノドンのおやぶんは、さーっと上空《じょうくう》から急降下《きゅうこうか》！　するどいくちばしでパクッ！　と魚《さかな》をつかまえた。

そのしゅんかんを、フタバススズキリュウのボスは見《み》のがさなかった。魚《さかな》をくわえたおやぶんめがけてボスの首《くび》がのびた。

「キーッ！」

プテラノドンの悲鳴《ひめい》が、海面《かいめん》をはうように流《なが》れた。

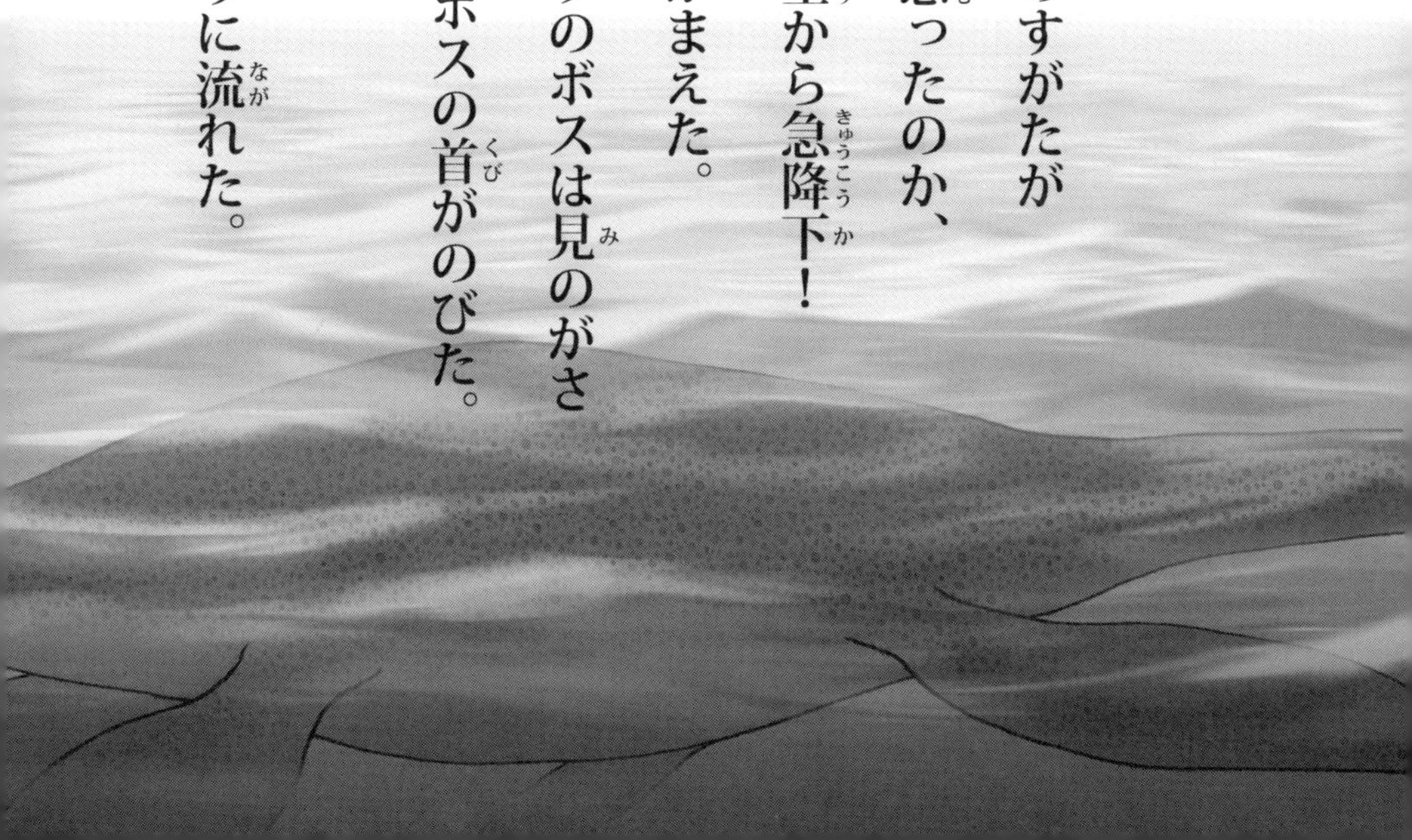

そのときには、ボスの口《くち》は、プテラノドンの首《くび》に、しっかりとかみついていた。

ボスは、プテラノドンをくわえたまま、海《うみ》の上《うえ》に、高《たか》だかと首《くび》をのばした。

プテラノドンのおやぶんは、なんとかのがれようと、ひっしに、大《おお》きなつばさをバタバタさせたが、がっぷり首《くび》にかみつかれては、どうにもならない。

空《そら》をまっていたプテラノドンたちは、おやぶんをくびながりゅうにやられて、大《おお》あわてで、島《しま》のねぐらへにげかえった。

このボスのたたかいぶりを、なかまたちといっしょに、ちびは息《いき》をのんで見《み》つめていた。すごい！ と思《おも》った。そして、いつかきっと自分《じぶん》も、ボスのようになりたい、と思《おも》うのだった。

## サメとのたたかい

なん日《にち》かすぎて、ちびたちフタバスズキリュウのなかまたちが、南《みなみ》の海《うみ》でのくらしになれたころ、おそろしい

できごとがおきた。夕《ゆう》ぐれに、食事《しょくじ》に海《うみ》にもぐったなかまの一ぴきが、サメにおそわれて死《し》んだのだ。

サメは、三〇ぴきものむれをつくって、この島《しま》のまわりにあらわれた。そして、くびながりゅうたちに、たたかいをいどんだのだ。

「クワーッ！（みんな、しっかり聞《き》いてくれ。われわれにとって、生《い》きるか死《し》ぬかの一大事《いちだいじ》がやって来《き》た。われわれは、サメとたたかわねばならぬ。そして、なにがなんでも勝《か》たなくては、われわれはここで生《い》きていけないのだ）」

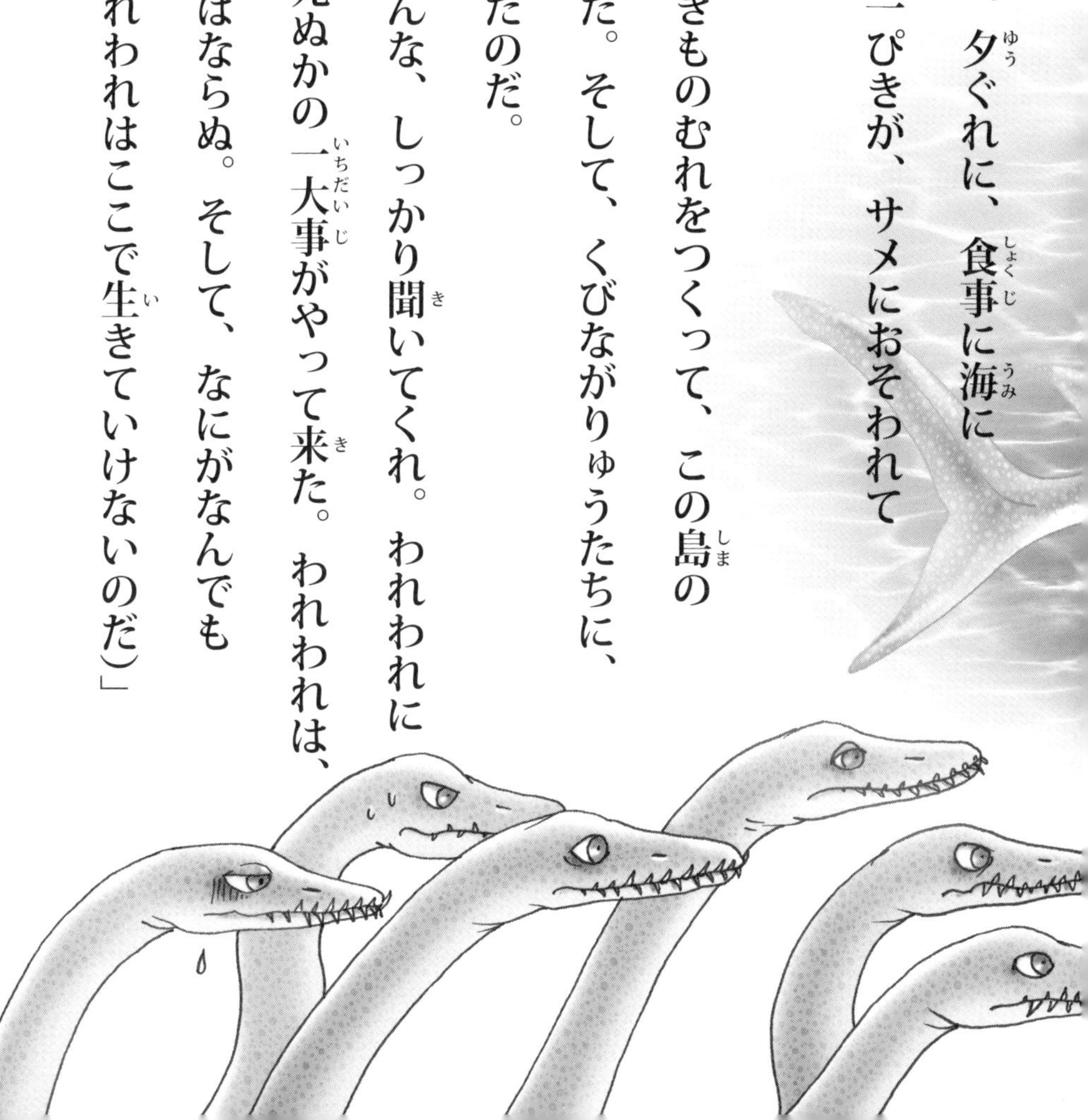

ボスは浜《はま》にみんなを集《あつ》め、
力《ちから》づよい声《こえ》でそういった。
サメは、おそろしい海《うみ》のギャングだ。

ボスは、一三ひきになったなかまを、ちびをのぞいた四ひきずつ、三つの隊《たい》にわけた。四ひきずつがかたまって、ボスの隊《たい》の前後左右《ぜんごさゆう》をかため、サメを相手《あいて》にたたかおうというのだ。

「クォーッ（ちびは、このおれからはなれるなよ。いいか、どういうふうに、サメとたたかうか、しっかりその目《め》で、見《み》ておくんだぞ）」

フタバスズキリュウは、これまでも北《きた》の海《うみ》で、サメを相手《あいて》にたたかったことがある。ちびを生《う》んですぐの、そのとき、ちびのかあちゃんは、サメにおそわれて死《し》んだのだ。

朝《あさ》の日《ひ》ざしが、ようやく海《うみ》にとどき、ほんのりと海面《かいめん》があかるい光《ひかり》にてらされたとき、フタバスズキリュウたちは、海《うみ》へもぐった。

ちびは、ボスのそばに、ぴったりとよりそっていた。なかまたちは、四ひきがひと組《くみ》になって、海《うみ》の中《なか》を、ぐんぐん進《すす》んだ。

いた！　ゆらゆらとゆれる海草《かいそう》のしげみの向《む》こうに、三〇ぴきのサメたちが、まっしぐらに進《すす》んでくるのが見《み》えた。

三〇ぴきのサメはバラバラになり、一三ひきの

くびながりゅうめがけて、
おそいかかってきた。

四ひきずつにかたまった、くびながりゅうは、ボスの前後左右《ぜんごさゆう》をかためた。大口《おおぐち》の歯《は》をむきだして、サメはボスをねらって、おそいかかった。

しゅんかん、ボスは、おそいかかるサメのからだを、横《よこ》からきりさいた。赤《あか》い血《ち》がパッ！　と海中《かいちゅう》にひろがる。

一ぴき、二ひき、三びきと、サメたちは、フタバスズキリュウのするどい歯《は》にかかって、たおされていく。

なかまの血《ち》を見《み》たサメは、ますます気《き》をあらだててせまる。フタバスズキリュウのなかまも、サメに首《くび》や

ひれをかまれながらも、けんめいにたたかった。

とくに、ボスのたたかいはみごとだった。

どんなことがあってもサメを近《ちか》づけず、おそいかかるサメを、長《なが》い首《くび》を使《つか》って、みごとにさばいていく。

くるっ！　くるっ！　くるっ！　そのみごとなからだの回転《かいてん》と、自由自在《じゆうじざい》な首《くび》のうごきに、サメどもはついていけず、ただあせるばかりだ。

ボスの歯《は》は、そんなサメの首《くび》ねっこや、わき腹《ばら》やしっぽに、ザックリとつきささり、かみきった。

ちびは、ボスのそばにしっかりついて、ボスのたたかいを

見《み》つめていた。

向《む》こうでは、あにきもがんばっていた。あにきは、前《まえ》びれをサメにかまれながらも、ひっしにたたかった。

一ぴき二ひきと、あにきの前《まえ》にサメはたおされて、海底《かいてい》めがけてしずんでいく。

三〇ぴきのサメは、すでに二〇ぴきがたおされた。これいじょう、とうてい勝《か》てないとみたのか、のこりのサメたちは、あわててにげだした。

追《お》いかけようとするなかまを、ボスは、とめた。これいじょう追《お》うことはない。多《おお》くのなかまたちを

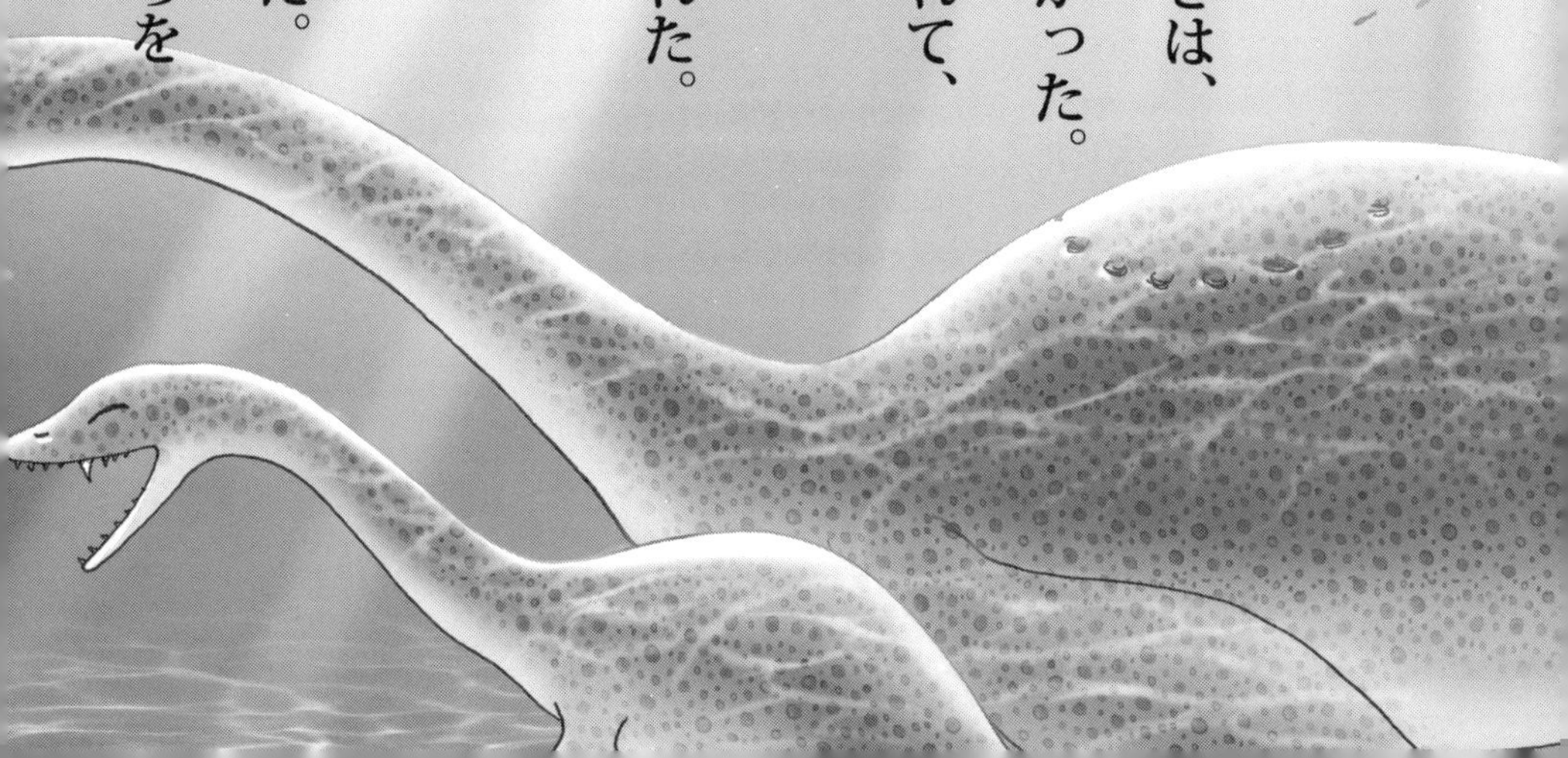

やられてしまったサメは、もうこりごりのはずだ。フタバスズキリュウが、どんなに手《て》ごわい相手《あいて》であるかは、もう、じゅうぶんにわかったことだろう。二どと、かれらのなかまは、ボスに、たたかいをいどむことはないだろう。

あちこちに、きずをおったなかまもいる。しかし、フタバスズキリュウたちは、みんな元気《げんき》だ。

ボスを先頭《せんとう》にしたフタバスズキリュウたちは、ゆうゆうと、朝《あさ》の海《うみ》を、ねぐらの島《しま》へと帰《かえ》っていく。

ちびも、ボスについておよいでいく。ちびのかあちゃんは、

北《きた》の海《うみ》にいたころ、サメとのたたかいで死《し》んだ。だが、
きょうは、みんな元気《げんき》で、サメとのたたかいに勝《か》ち、
かあちゃんのかたきうちができた。
やがて、ちびもおとなになる。そのときは、
なかまを守《まも》って、ボスのように
たたかわなければならない。
そのときのためにもちびは、
これからいっしょうけんめい、
生《い》きなければならないのだ。
朝《あさ》の海《うみ》を、太陽《たいよう》の光《ひかり》がうつくしくてらしている。

# なぞとき
# フタバスズキリュウの発見《はっけん》

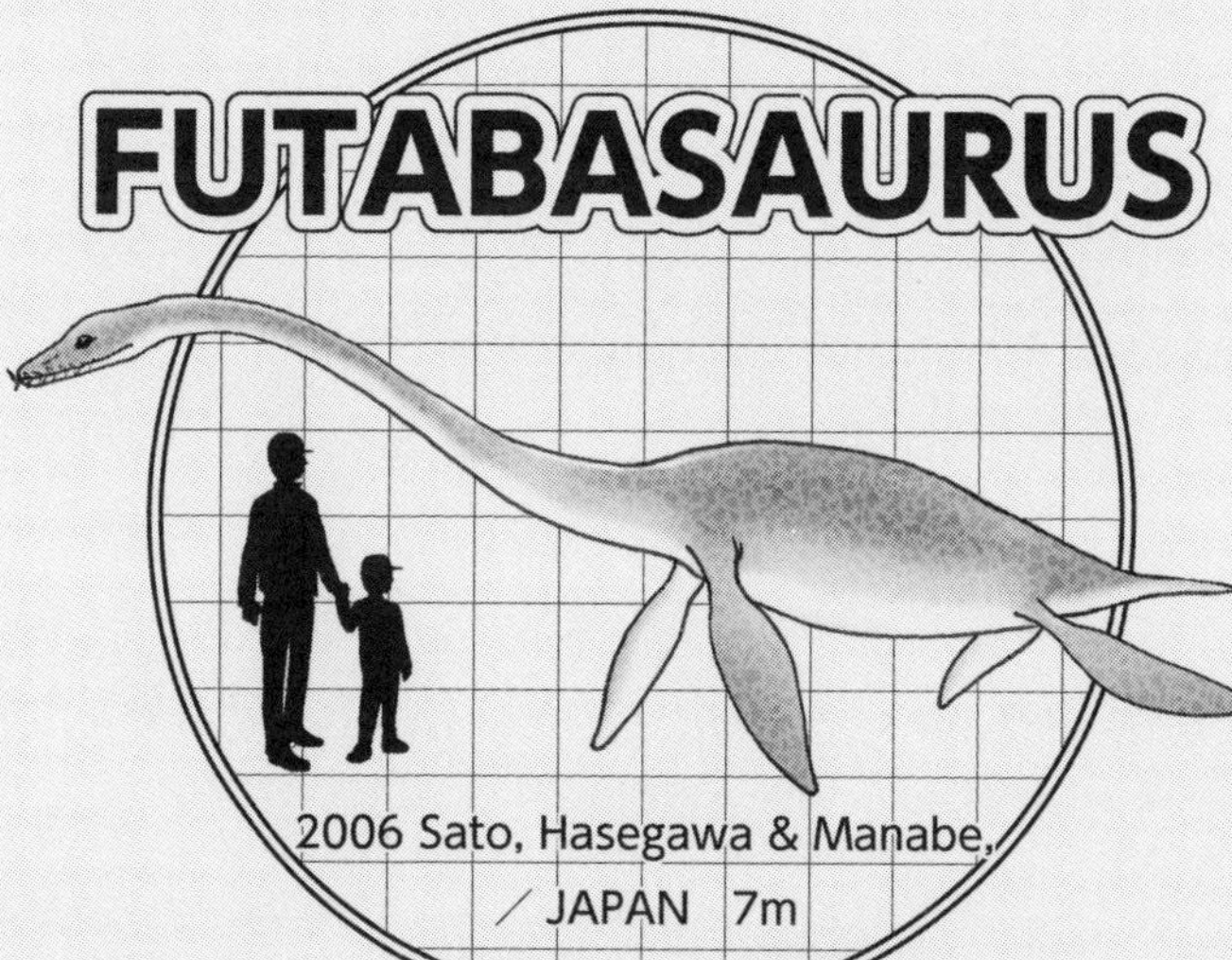

## 首長竜《くびながりゅう》とは？

フタバスズキリュウのものがたり、いかがでしたか。

フタバスズキリュウは、わが国《くに》で発見《はっけん》された首長竜《くびながりゅう》です。首《くび》の骨《ほね》など、一部《いちぶ》の骨《ほね》は欠《か》けていましたが、頭骨《とうこつ》から背骨《せぼね》、ひれ足《あし》などがそろったみごとな化石《かせき》です。

復元《ふくげん》した骨格《こっかく》の模型《もけい》は、発見地《はっけんち》である福島《ふくしま》県《けん》いわき市《し》の石炭《せきたん》・化石館《かせきかん》に、実物《じつぶつ》は東京《とうきょう》の

国立科学博物館《こくりつかがくはくぶつかん》に、たいせつに保存《ほぞん》されています。

首長竜《くびながりゅう》は、その字《じ》のとおり首《くび》が長《なが》く、よく「海《うみ》にすむきょうりゅう」とよばれますが、学問的《がくもんてき》には「きょうりゅう」とは分《わ》けて考《かんが》えられています。

これまでこのシリーズでは、陸《りく》にすんでいたきょうりゅうと、空《そら》にいた翼竜《よくりゅう》について書《か》きました。空《そら》にいた翼竜《よくりゅう》は、陸《りく》のきょうりゅうとおなじころ、つまり中生代《ちゅうせいだい》とよばれる時《じ》代《だい》に、地球上《ちきゅうじょう》に生息《せいそく》した、はちゅう類《るい》です。

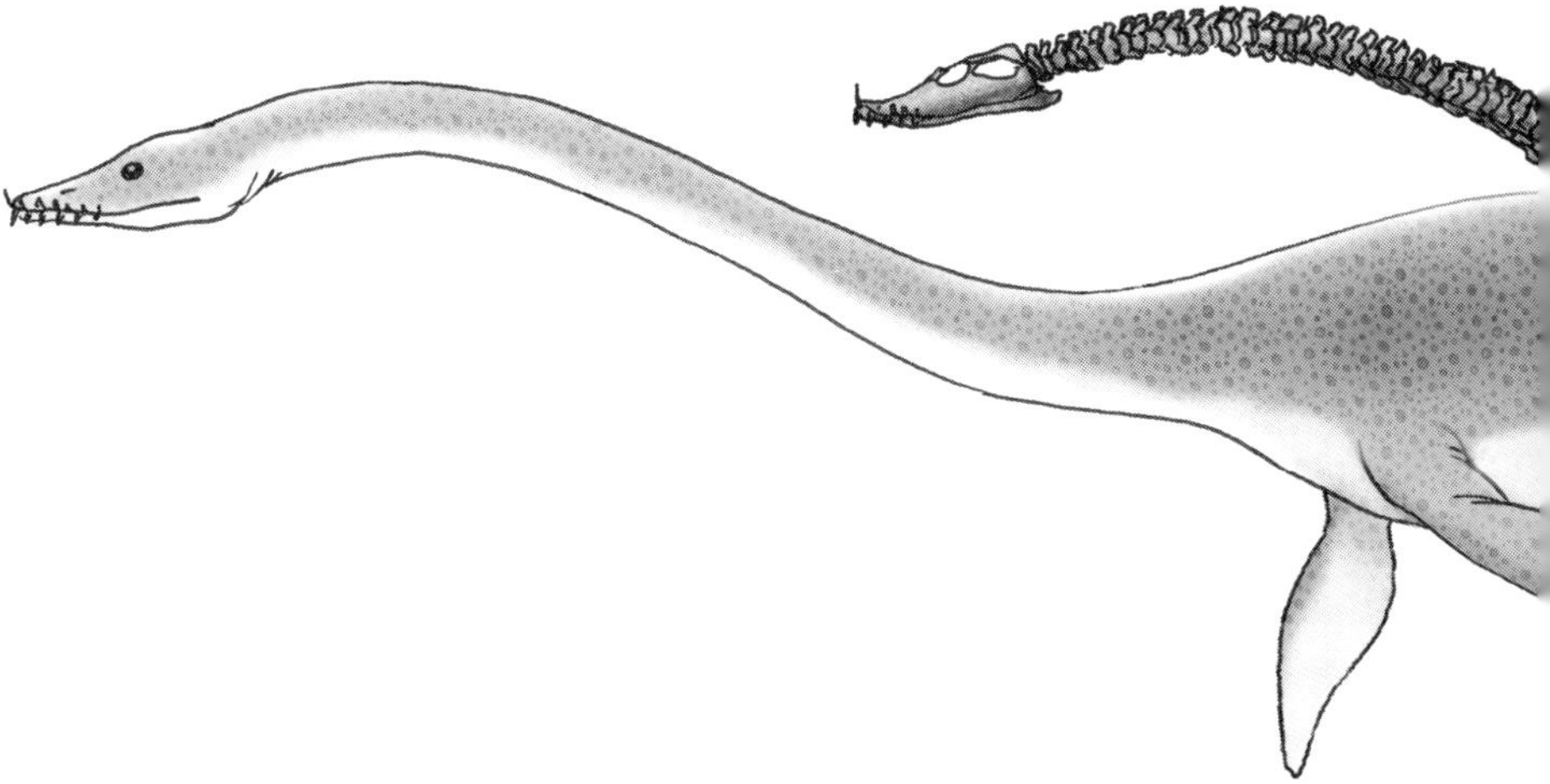

一方《いっぽう》、海《うみ》にいた首長竜《くびながりゅう》も、おなじ時代《じだい》のはちゅう類《るい》のなかまです。

そのころの海《うみ》には、首長竜《くびながりゅう》のほかに魚竜《ぎょりゅう》（イクチオサウルス）や、ウミトカゲ（モササウルス）などのはちゅう類《るい》も生息《せいそく》していました。これらをあわせて海竜《うみりゅう》とよんでいます。

そして、いまからおよそ六五〇〇万年前《まんねんまえ》（白亜紀後期《はくあきこうき》）になると、陸《りく》にいたきょうりゅうをはじめ、空《そら》にいた翼竜《よくりゅう》、海《うみ》にいた海竜《うみりゅう》のなかまはすべて、ほろんでしまい、いまではもう、その生《い》きたすがたを見《み》ることはでき

イクチオサウルス（2m）

モササウルス（12〜18m）

ません。

でも、世界《せかい》のあちこちから、化石《かせき》となって発見《はっけん》され、これらの生《い》きものたちが、どんなすがたをし、どんなくらしをしていたかが、古生物学者《こせいぶつがくしゃ》たちによって、しだいにあきらかにされていきました。

首長竜《くびながりゅう》は、いまの動物《どうぶつ》にたとえると、カバのように大《おお》きな胴体《どうたい》をもち、キリンのような長《なが》い首《くび》に、オットセイのようなひれをもった生《い》きものを想像《そうぞう》していただければよいでしょう。

ウミガメの胴体《どうたい》に、ウミヘビがささっていると たとえる人《ひと》も多《おお》いようです。

ただ、このなかまには、とても首《くび》の長《なが》いものと、みじかいものの、二つの種類《しゅるい》がありました。

プレシオサウルスは、首《くび》の長《なが》いなかまで、なかでも、エラスモサウルスとよばれるプレシオサウルス科《か》の首長竜《くびながりゅう》は、全長《ぜんちょう》一四メートルのうち、首《くび》の長《なが》さが半分《はんぶん》いじょうもあり、なんと首《くび》の骨《ほね》（頸骨《けいこつ》）が、七六個《こ》もありました。

こんなに長《なが》い首《くび》を、どううごかして生活《せいかつ》していたのでしょうか。ある古生物学者《こせいぶつがくしゃ》は、お

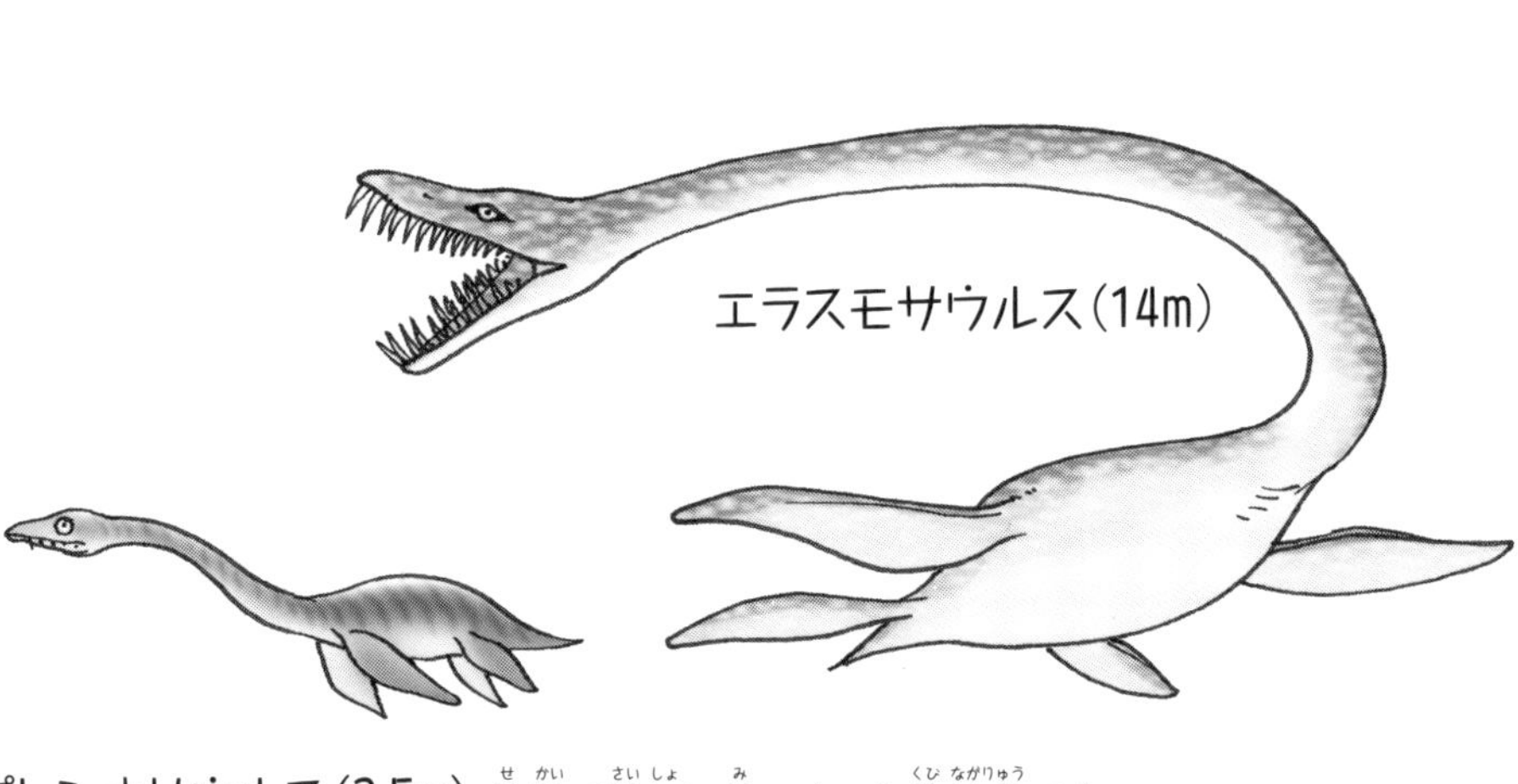


プレシオサウルス（3.5m） 世界《せかい》で最初《さいしょ》に見《み》つかった首長竜《くびながりゅう》です。

そらくプレシオサウルスのなかまは、ふだんは、首《くび》をうしろのほうに「S《エス》」の字《じ》の形《かたち》に曲《ま》げていただろう、といっているほどです。

一方《いっぽう》、首《くび》のみじかいほうの代表《だいひょう》にはクロノサウルスがいます。クロノサウルスは、体《からだ》の長《なが》さが九〜一〇メートルで、首《くび》はその三分《ぶん》の一ほどの長《なが》さでした。

首長竜《くびながりゅう》は、陸《りく》にいたきょうりゅうとおなじ、はちゅう類《るい》でしたから、もちろん魚《さかな》のように、えらを使《つか》って水中《すいちゅう》で呼吸《こきゅう》をしたわけではありません。だから、水《みず》の中《なか》で生活《せいかつ》していても、

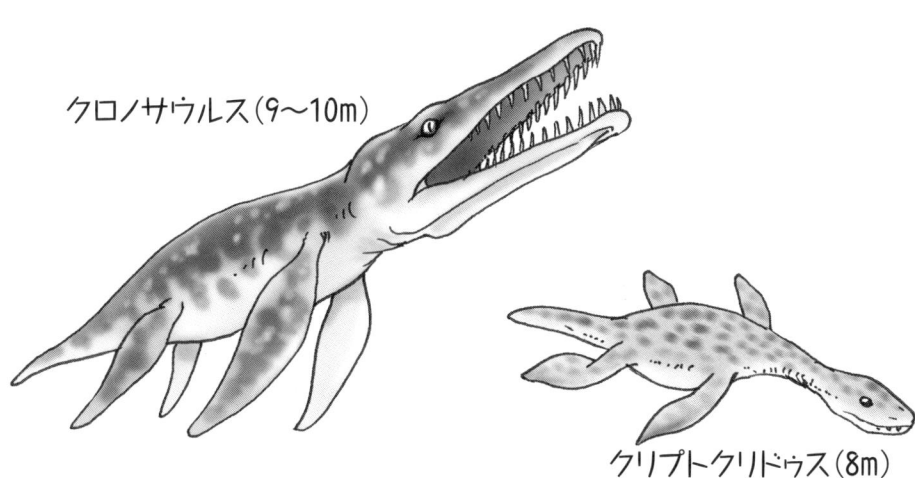

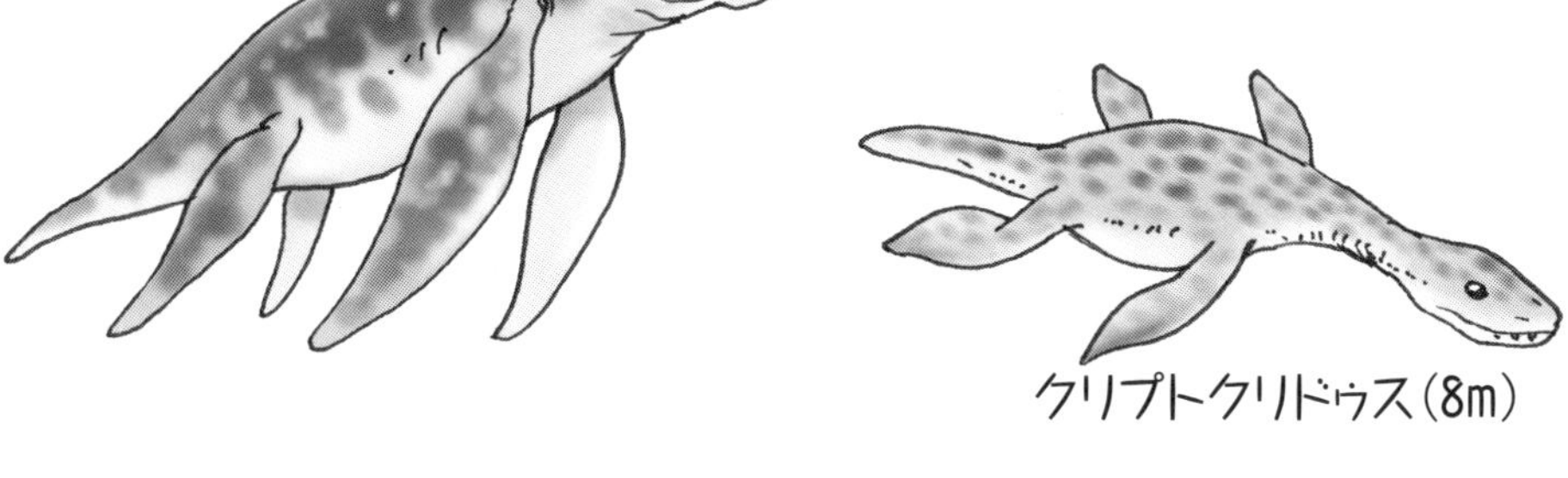

ときどきは、頭《あたま》を水面《すいめん》に出《だ》して、呼吸《こきゅう》しなければなりませんでした。ちょうど、いまのクジラのように。

体《からだ》の前後《ぜんご》についた四本《ほん》のひれ足《あし》は、海《うみ》ガメのひれ足《あし》に似《に》ており、おそらくこのひれ足《あし》を使《つか》って、じょうずに水中《すいちゅう》をおよいだだろうと考《かんが》えられています。

泳《およ》ぐときのひれ足《あし》は、ボートのオールのように、前後《ぜんご》にこぐやり方《かた》ではなく、上下《じょうげ》に、羽《は》ばたくようにうごかしただろうと考《かんが》えられています。

前後《ぜんご》のひれ足《あし》を交互《こうご》にうごかして泳《およ》いだと考《かんが》えられています。

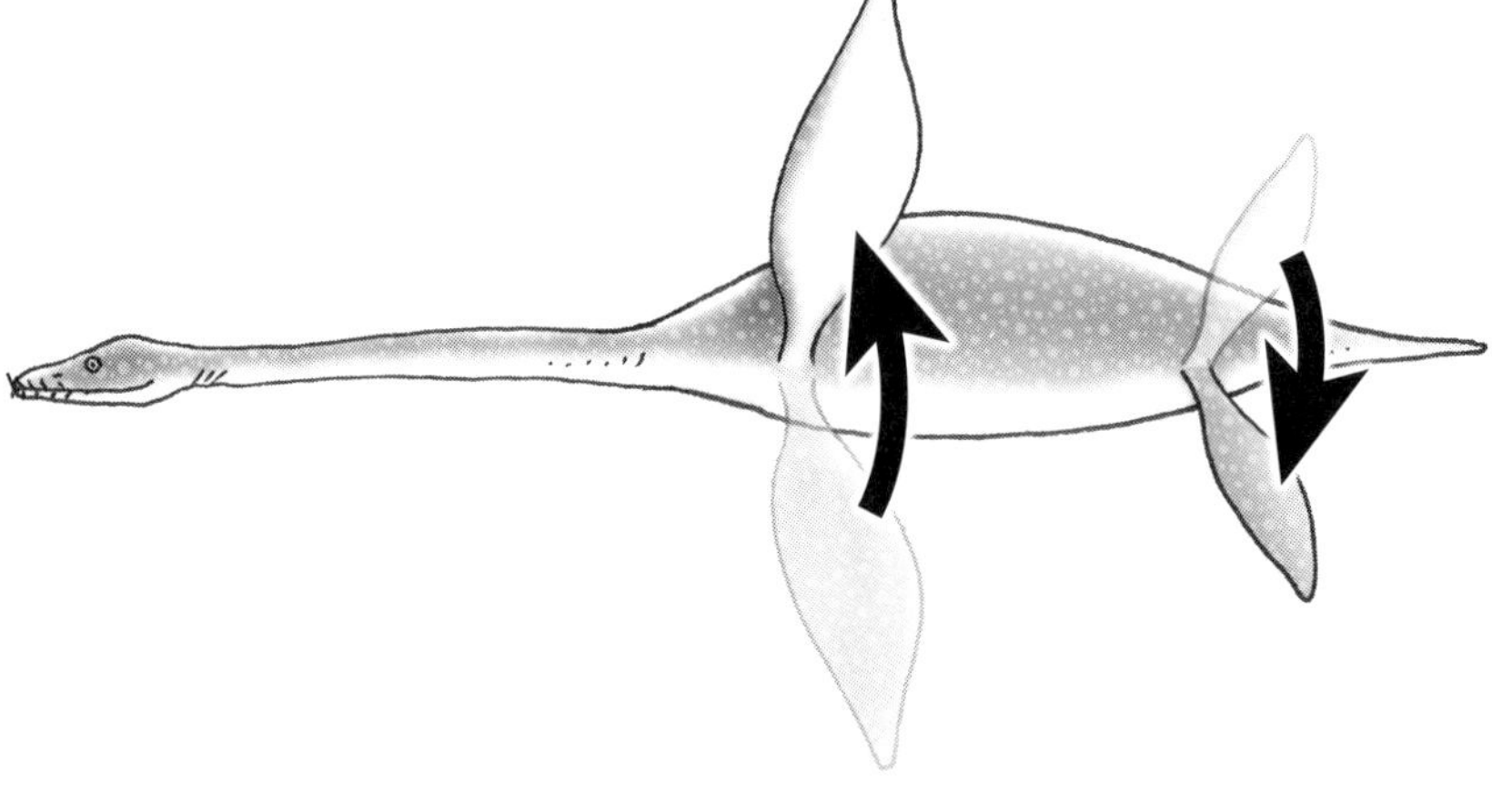

しっぽはみじかく、泳《およ》ぐときのカジのやくめをはたしたのでしょう。

むねは、板《いた》になった骨《ほね》（肩甲骨《けんこうこつ》）によって守《まも》られていましたし、背《せ》とわき腹《ばら》とは、あばら骨《ぼね》（脇骨《わきぼね》）で、しっかりと守《まも》られていました。

頭骨《とうこつ》もがんじょうにできていて、ワニのようにするどい歯《は》がありました。この歯《は》で、海《うみ》にすむ魚《さかな》や貝《かい》をとって食《た》べていたのです。

ものがたりの中《なか》に、フタバスズキリュウのボスが、空《そら》をとぶプテラノドンをつかまえて

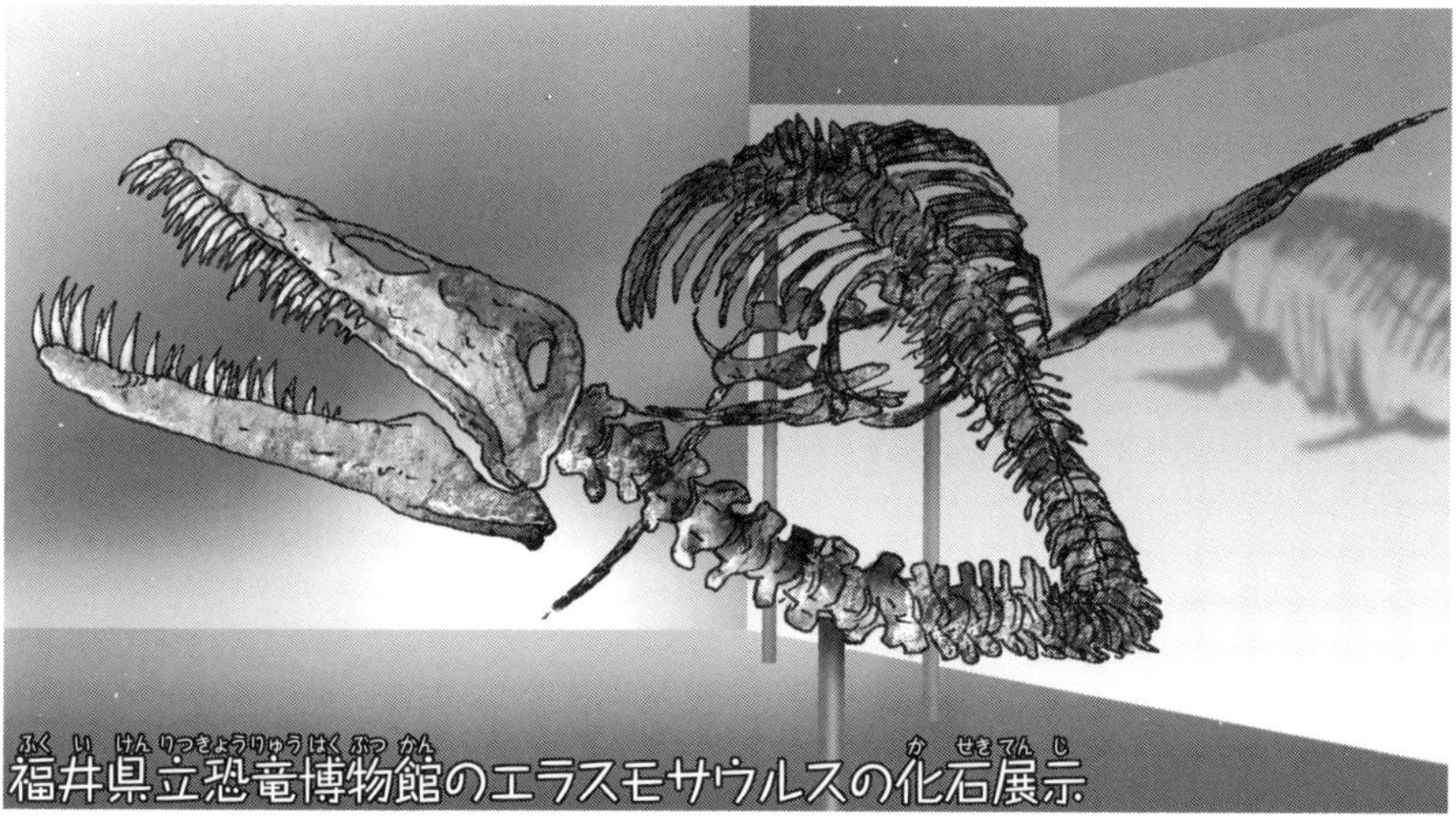

福井県立恐竜博物館《ふくいけんりつきょうりゅうはくぶつかん》のエラスモサウルスの化石展示《かせきてんじ》

食《た》べるところがありました。

じつは、アメリカで発見《はっけん》された首長竜《くびながりゅう》の胃《い》ぶくろと思《おも》われるあたりから、魚《さかな》やイカの骨《ほね》の化石《かせき》といっしょに、翼竜《よくりゅう》プテラノドンの化《か》石《せき》が発見《はっけん》されました。そのことから首長竜《くびながりゅう》が、長《なが》い首《くび》をのばし、空《そら》をとぶ翼竜《よくりゅう》をつかまえて食《た》べていたことがあきらかになったのです。

## 鈴木少年《すずきしょうねん》の発見《はっけん》

それではいよいよ、この本《ほん》のものがたりに

登場《とうじょう》したフタバスズキリュウについて、お話《はなし》を進《すす》めましょう。

フタバスズキリュウは、ひとりの少年《しょうねん》によって発見《はっけん》されました。

その少年《しょうねん》の名《な》は鈴木直《すずきただし》くん。福島県《ふくしまけん》のいわき市《し》にすんでいました。

鈴木《すずき》くんは小学校《しょうがっこう》六年《ねん》のとき、学級花壇《がっきゅうかだん》の作業《さぎょう》で、ぐうぜん大《おお》むかしの木《き》の化石《かせき》を発見《はっけん》しました。そのことがきっかけになり、大《だい》の化石《かせき》ずきになったのです。

鈴木《すずき》くんのすむ、いわき市《し》の一帯《いったい》には、双《ふた》

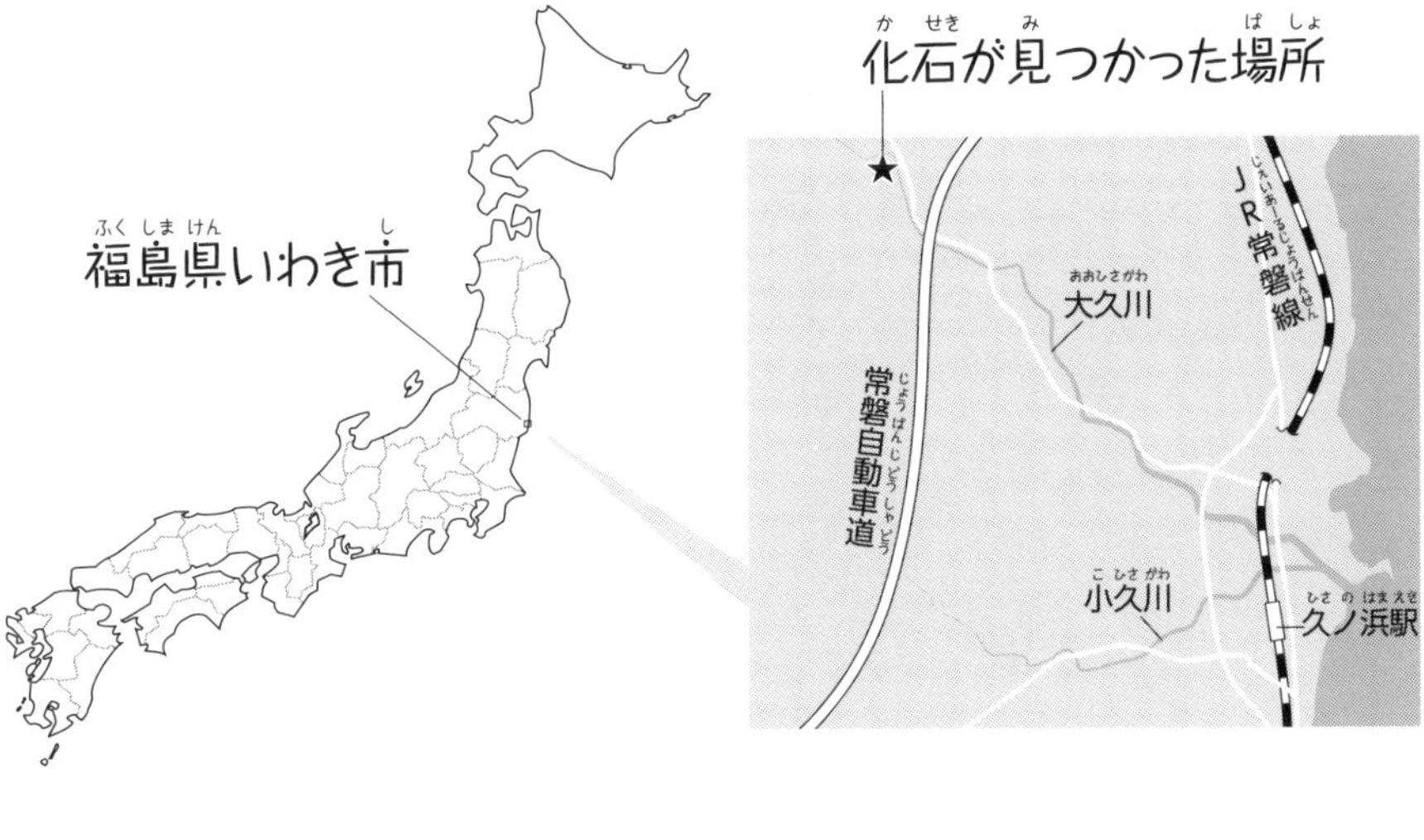

葉層《ばそう》という、約《やく》八五〇〇万年前《まんねんまえ》（中生代《ちゅうせいだい》・白亜紀《はくあき》）の地層《ちそう》があり、そこから貝《かい》や魚《さかな》などの化石《かせき》が発見《はっけん》されていました。

そこで鈴木《すずき》くんは、日曜日《にちようび》になると、近《ちか》くを流《なが》れる大久川《おおひさがわ》の、板木沢《いたぎざわ》という化石《かせき》の出《で》る場所《ばしょ》へでかけて、化石集《かせきあつ》めに熱中《ねっちゅう》しました。

中学生《ちゅうがくせい》になっても鈴木《すずき》くんは、こつこつと化石《かせき》を集《あつ》め、勉強部屋《べんきょうべや》には、集《あつ》めてきた貝《かい》や魚《さかな》の化石《かせき》が、木箱《きばこ》にぎっしりとつめられていました。

こうして、中学《ちゅうがく》から高校《こうこう》へ進《すす》んだ鈴木《すずき》くん

発掘場所《はっくつばしょ》は子《こ》どもたちの水《みず》あそび場《ば》でした。

の化石熱《かせきねつ》は、いっこうにおとろえません。鈴木《すずき》くんが高校《こうこう》二年生《ねんせい》になった昭和《しょうわ》四十三年《ねん》の秋《あき》のことです。いつものように板木沢《いたぎざわ》に化石《かせき》さがしにでかけました。

鈴木《すずき》くんは、それまでにも、アンモナイトのりっぱな化石《かせき》を見《み》つけており、それがなによりのじまんでした。

アンモナイトは、きょうりゅうが地球上《ちきゅうじょう》にすんでいた中生代《ちゅうせいだい》とよばれる時代《じだい》に、海《うみ》にいたイカの祖先《そせん》にあたる生物《せいぶつ》です。

アンモナイトは、大《おお》きなカラの中《なか》に体《からだ》を入《い》

アンモナイトの化石《かせき》の例《れい》

れており、そのカラが化石《かせき》となってのこっているのです。

「今日《きょう》は、なんとしても、アンモナイトを見《み》つけなきゃ」

そんなことをつぶやきながら、大久川《おおひさがわ》の川《かわ》ぞいの道《みち》を歩《ある》いていると、川岸《かわぎし》の岩《いわ》になにか黒《くろ》っぽいものが見《み》えました。

「おや？」

鈴木《すずき》くんは、川岸《かわぎし》におりて、その岩《いわ》をハンマーでたたいてみました。岩《いわ》はわれて、中《なか》から黒《くろ》っぽいサメの歯《は》が出《で》てきました。

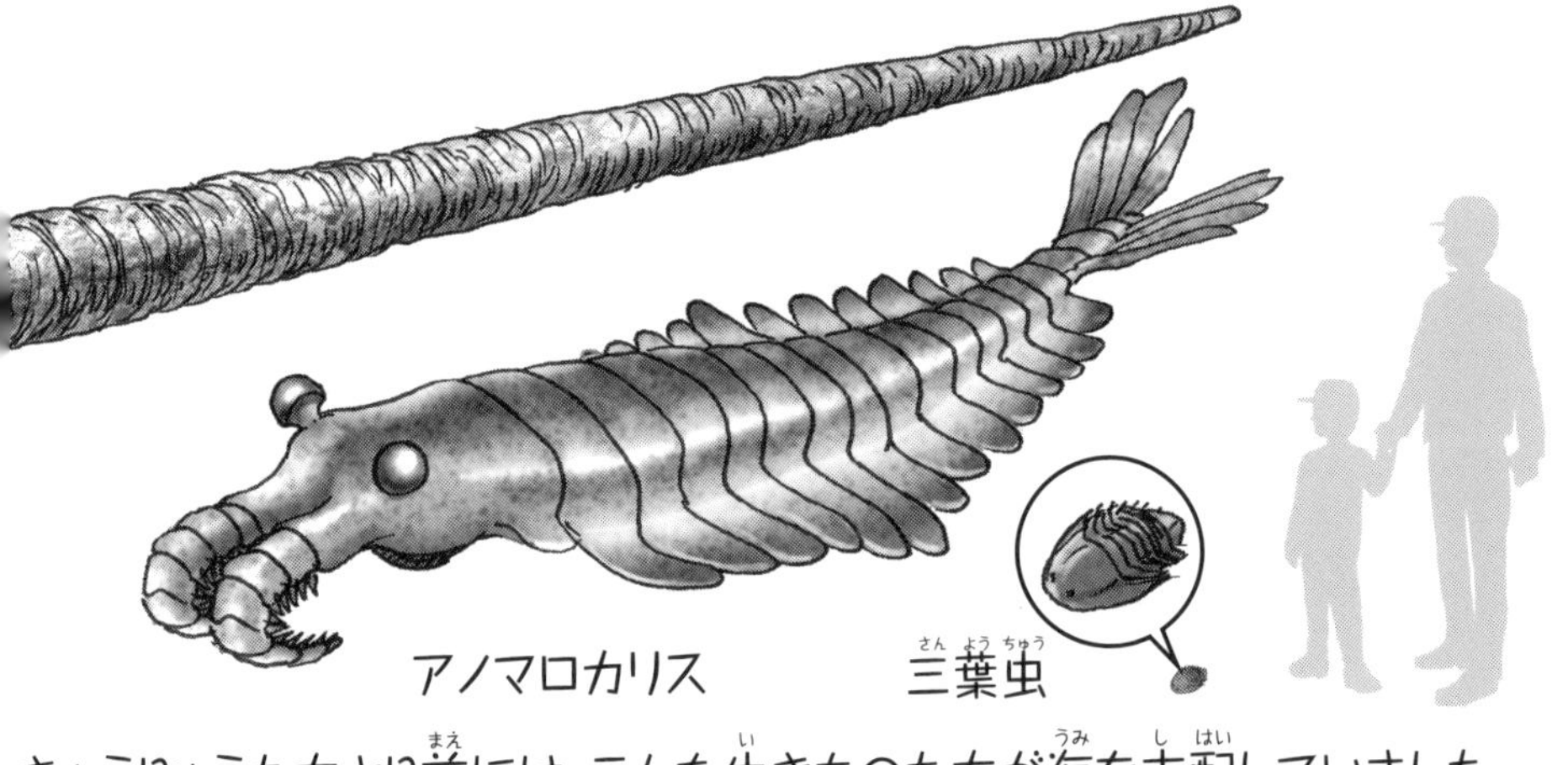


きょうりゅうたちより前《まえ》には、こんな生《い》きものたちが海《うみ》を支配《しはい》していました。

「サメの歯《は》だ、こりゃ」

鈴木《すずき》くんは、前《まえ》にもいくどかサメの歯《は》を見《み》つけたことがあるので、すぐにわかりました。

ところが、サメの歯《は》が出《で》てきたその岩《いわ》のおくに、まだなにか大《おお》きな黒《くろ》いものが見《み》えます。

「へんだなあ、いったいなんだろう……」

鈴木《すずき》くんは、ハンマーで、岩《いわ》をわりながら、その黒《くろ》っぽいものをとり出《だ》そうとしました。

ところが、それはちょうど、竹《たけ》のようにまるい筒型《つつがた》で、節《ふし》があり、おくへずっとつづいていました。あとでそれは、首長竜《くびながりゅう》の背骨《せぼね》で

## 首長竜《くびながりゅう》だけじゃない！ 海《うみ》にいた生《い》きものたち①

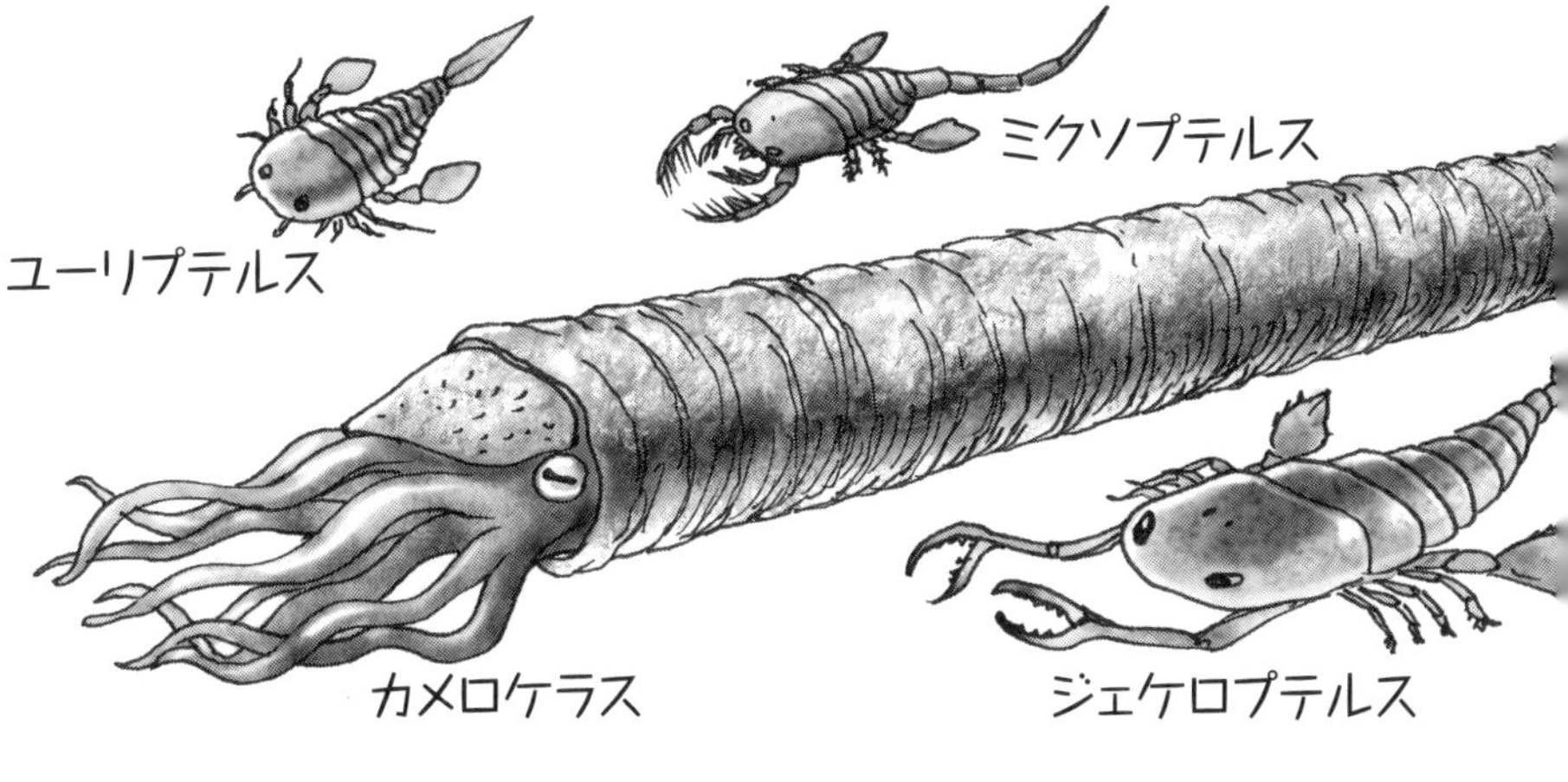

あることがわかるのですが……。

鈴木《すずき》くんは夕方《ゆうがた》まで、せっせと岩《いわ》をわり、筒型《つつがた》のふしぎな化石《かせき》を、三つ節分《ふしぶん》だけほり出《だ》して、家《いえ》へもって帰《かえ》りました。

「いったい、なんだろう……」

化石《かせき》の図鑑《ずかん》などをとりだして、調《しら》べてみましたが、さっぱりけんとうがつきません。

そこで鈴木《すずき》くんは、東京国立科学博物館《とうきょうこくりつかがくはくぶつかん》の古生物学者《こせいぶつがくしゃ》小畠郁生《おばたいくお》先生《せんせい》あてに、発見《はっけん》した化石《かせき》のスケッチをそえた手紙《てがみ》をかき、なんの化石《かせき》か教《おし》えてほしいとたのみました。

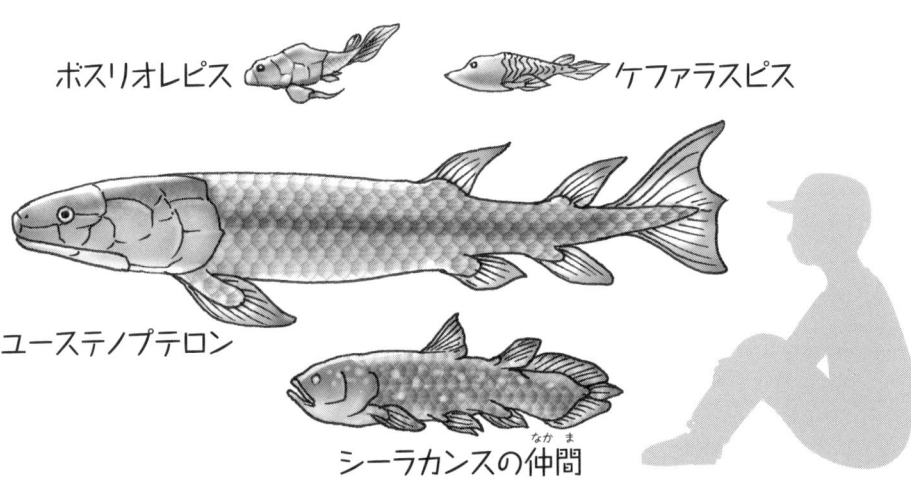

鈴木《すずき》くんのスケッチを小畠先生《おばたせんせい》から見《み》せてもらった、古生物学者《こせいぶつがくしゃ》の長谷川善和先生《はせがわよしかずせんせい》は、鈴木《すずき》くんにあい、実物《じつぶつ》を見《み》ておどろきました。

「この骨《ほね》の形《かたち》やようす、それに発見《はっけん》した地層《ちそう》からみて、おそらく魚竜《ぎょりゅう》か首長竜《くびながりゅう》のだよ」

小畠《おばた》、長谷川《はせがわ》の両先生《りょうせんせい》は、鈴木《すずき》くんのあんないで現場《げんば》へ行《い》き、地中《ちちゅう》に骨《ほね》の化石《かせき》がのこっていることをたしかめました。

こうして、長谷川先生《はせがわせんせい》たち古生物学者《こせいぶつがくしゃ》による発掘《はっくつ》がはじまりました。

化石《かせき》が見《み》つかった現場《げんば》は、片《かた》がわが川《かわ》で、

## 首長竜《くびながりゅう》だけじゃない! 海《うみ》にいた生《い》きものたち② <魚類《ぎょるい》>

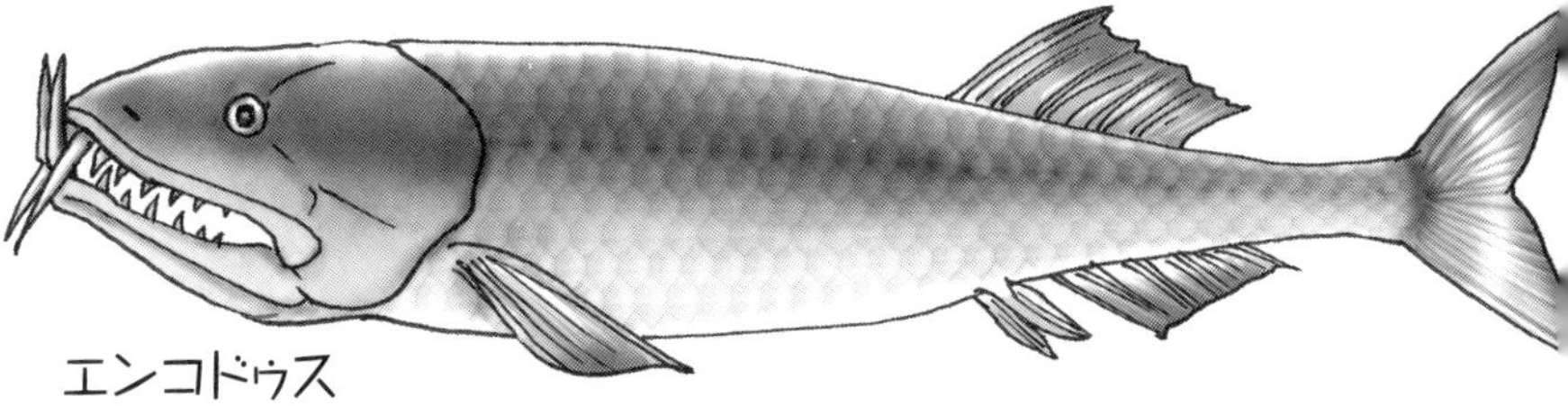
エンコドゥス

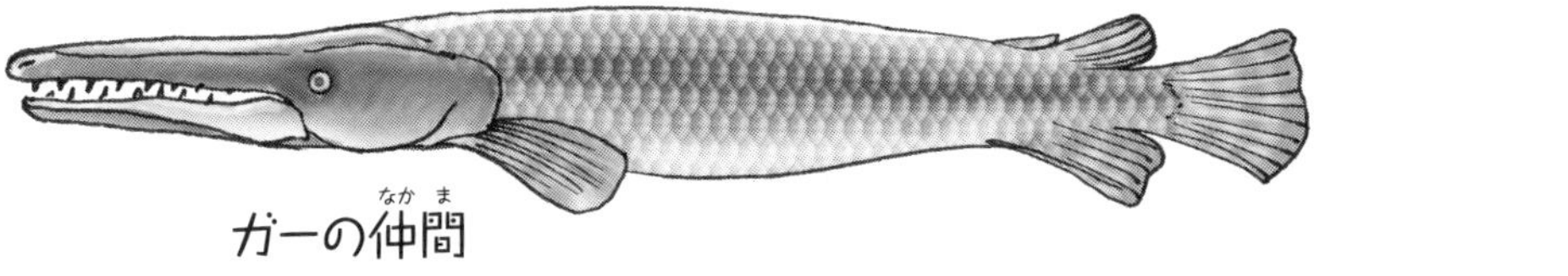
ガーの仲間《なかま》

片《かた》がわが道路《どうろ》になった、せまいところでした。川《かわ》のほうは、すでに流《なが》れでけずられてしまい、化石《かせき》はのこっていません。

化石《かせき》があると思《おも》われるのは、道路《どうろ》に向《む》かった川《かわ》ぞいの、わずか六メートルほどのところです。

長谷川先生《はせがわせんせい》たちは、鈴木《すずき》くんをまじえて、足場《あしば》のわるい川岸《かわぎし》で、道路《どうろ》がわに向《む》かって化石《かせき》をほり進《すす》めていきました。

鈴木《すずき》くんが、最初《さいしょ》に背骨《せぼね》を見《み》つけた場所《ばしょ》から一メートルほどはなれたところに、頭骨《とうこつ》ら

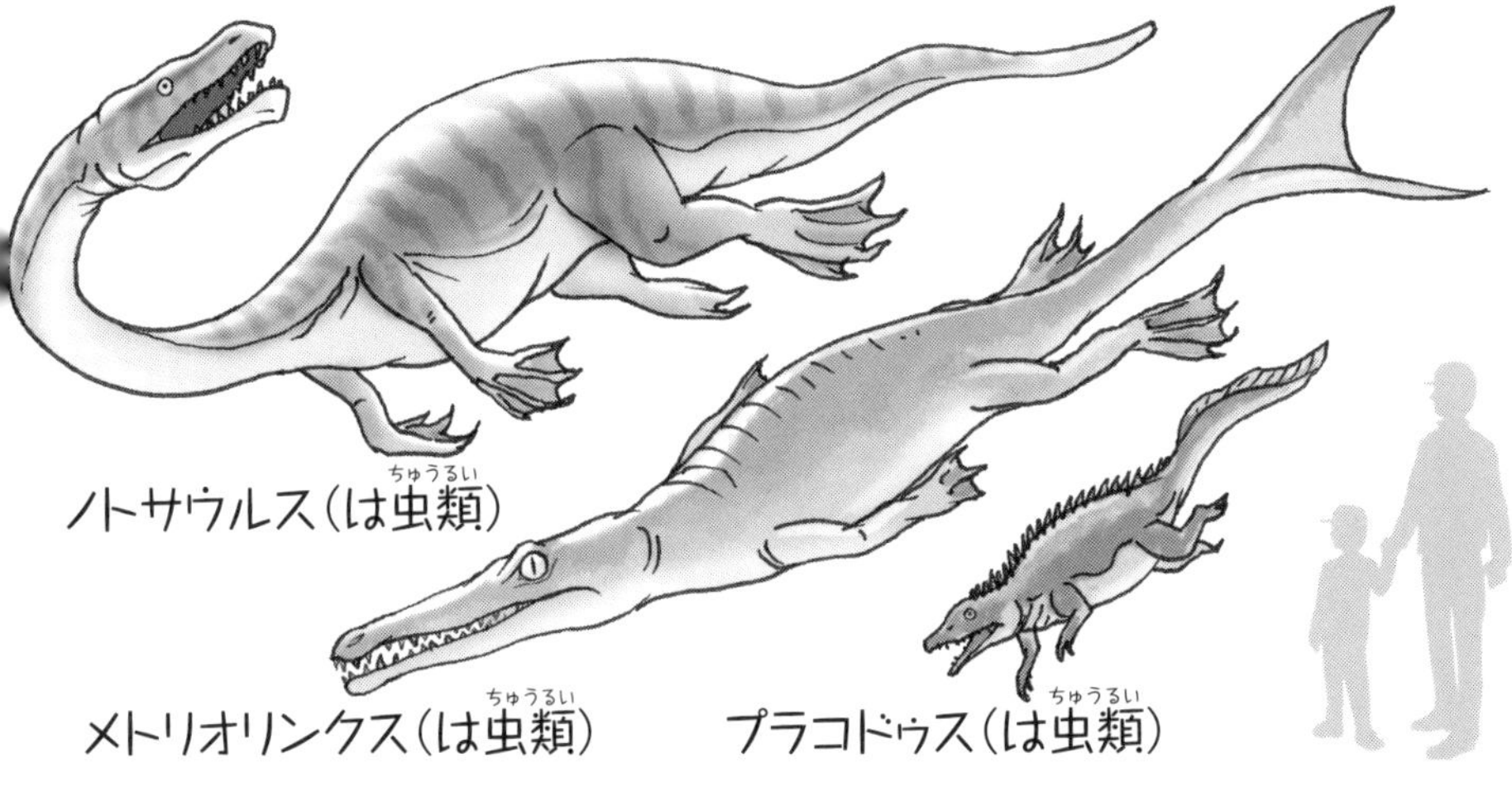

しい黒《くろ》っぽい骨《ほね》が出《で》てきました。骨《ほね》に、するどくとがった歯《は》がついていました。

さらにほり進《すす》めると、うすっぺらで、たいらな骨《ほね》があらわれました。それは骨盤《こつばん》（腰《こし》の骨《ほね》）でした。

骨盤《こつばん》の近《ちか》くから、ついにひれ足《あし》が見《み》つかりました。ひれ足《あし》は、がっちりとして大《おお》きく、ひと目見《めみ》ただけで、首長竜《くびながりゅう》のものであることがわかりました。

長谷川先生《はせがわせんせい》はひれ足《あし》をほり出《だ》しながら、鈴《すず》木《き》くんたちに、つぎのような説明《せつめい》をしました。

首長竜《くびながりゅう》だけじゃない！ 海《うみ》にいた生《い》きものたち③ <は虫類《ちゅうるい》>

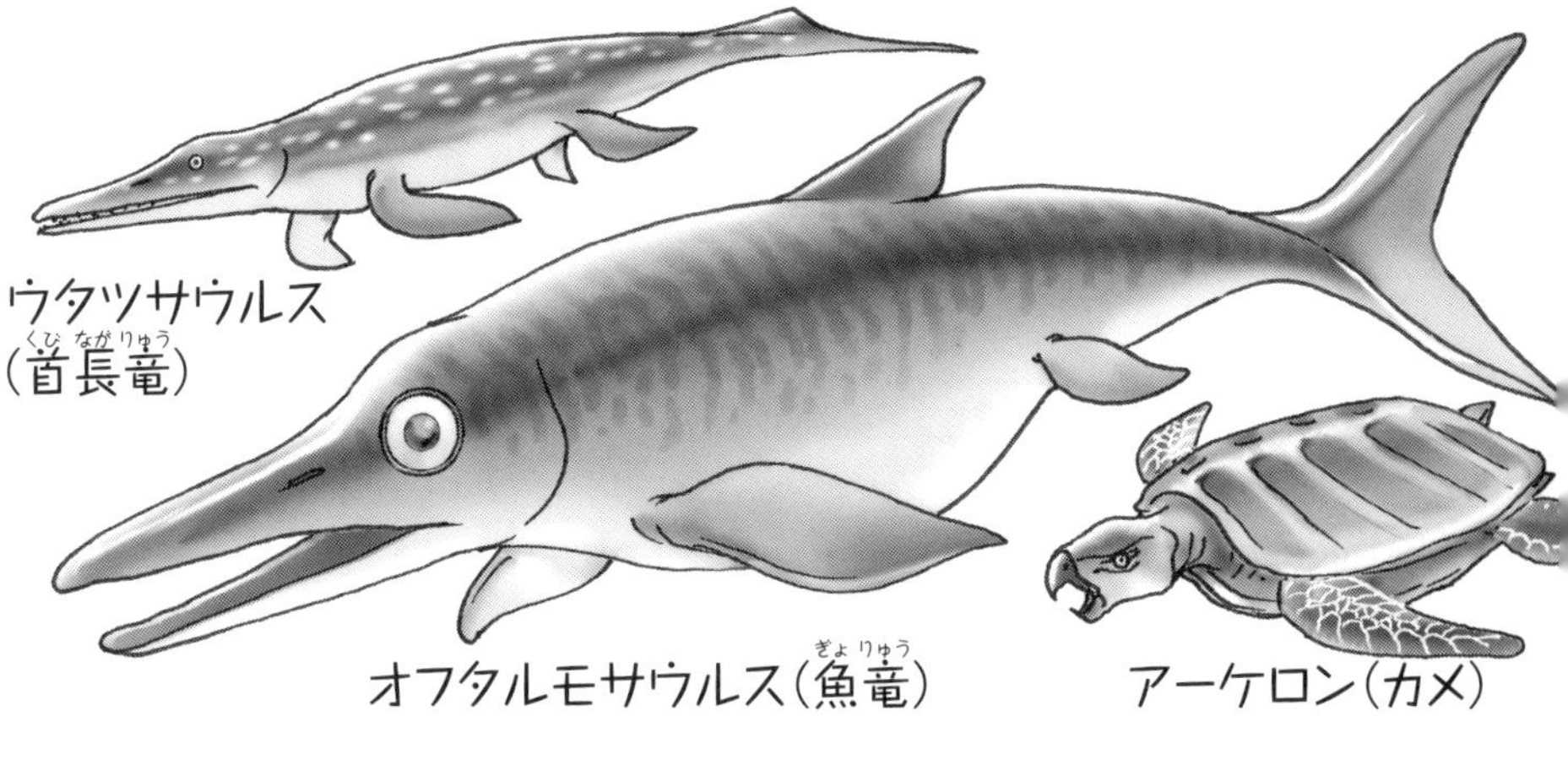

魚竜《ぎょりゅう》も、首長竜《くびながりゅう》も、海《うみ》にすんでいたことではおなじ、海竜《うみりゅう》のなかまです。

でも、魚竜《ぎょりゅう》のひれ足《あし》は、魚《さかな》のひれとおなじように、泳《およ》ぐときに体《からだ》のバランスをとるだけのために使《つか》われるので、みじかくて小《ちい》さいのです。

それにくらべ、首長竜《くびながりゅう》のひれ足《あし》は、海《うみ》ガメのように、ひれ足《あし》をうごかして泳《およ》ぐために使《つか》われました。

ほり出《だ》されたひれ足《あし》は、それが、首長竜《くびながりゅう》のものであることをものがたるように、長《なが》くて

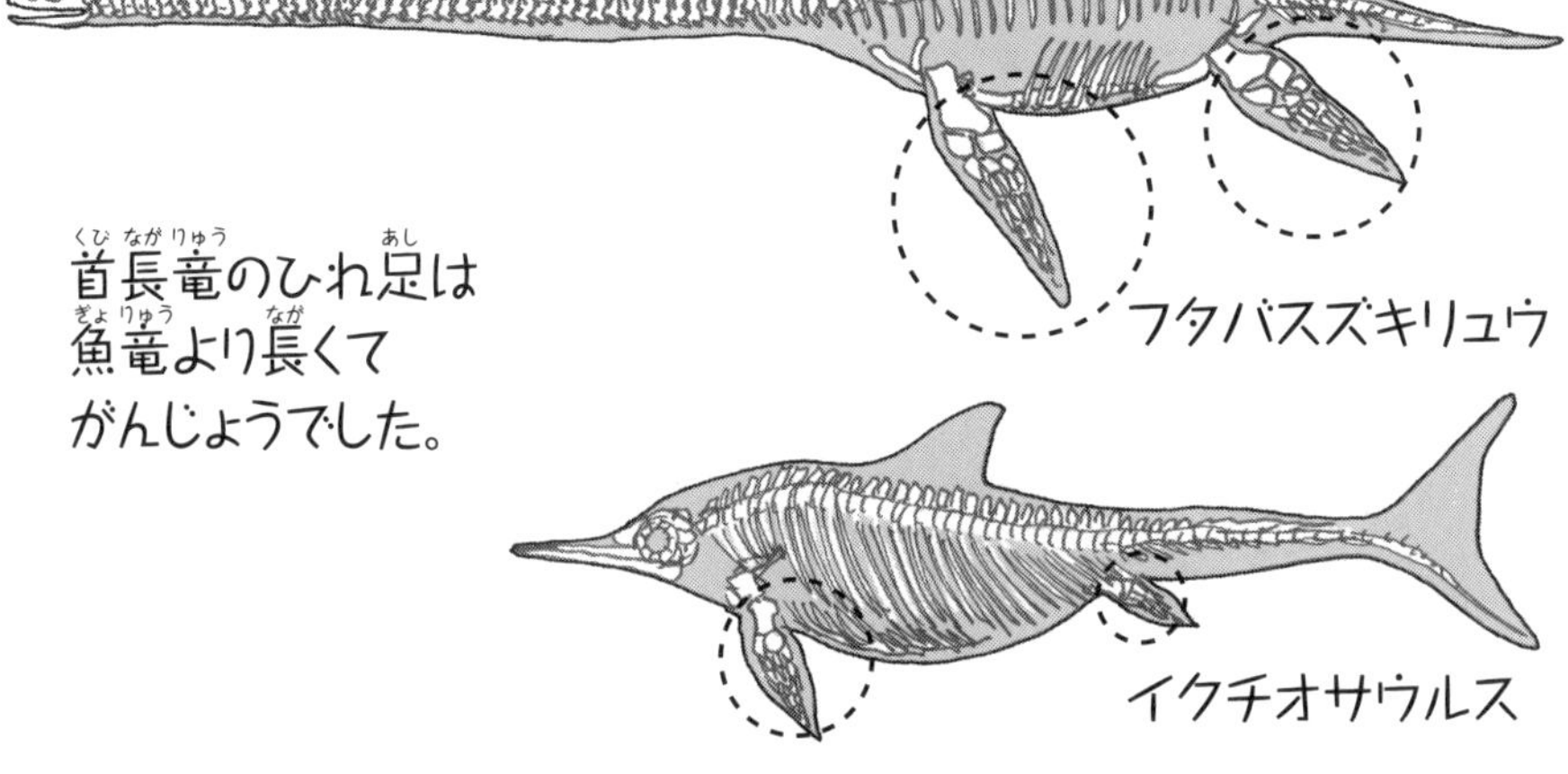


首長竜《くびながりゅう》のひれ足《あし》は
魚竜《ぎょりゅう》より長《なが》くて
がんじょうでした。

がんじょうなつくりになっていたのです。

それは、骨盤《こつばん》の近《ちか》くにあったことから、首《くび》長竜《ながりゅう》の、うしろのひれ足《あし》であることもわかりました。

こうして、頭《あたま》、胸《むね》、腰《こし》、尾《お》、ひれ足《あし》などが、岩《いわ》の中《なか》にうずまっていることが、あきらかになりました。しかし、かんじんの首《くび》の骨《ほね》は、川《かわ》の流《なが》れで、すっかりけずりとられてしまっていました。

首長竜《くびながりゅう》の化石《かせき》は、あおむけになって岩《いわ》の中《なか》にうずまり、首《くび》を体《からだ》のほうに、ぐっと曲《ま》げて

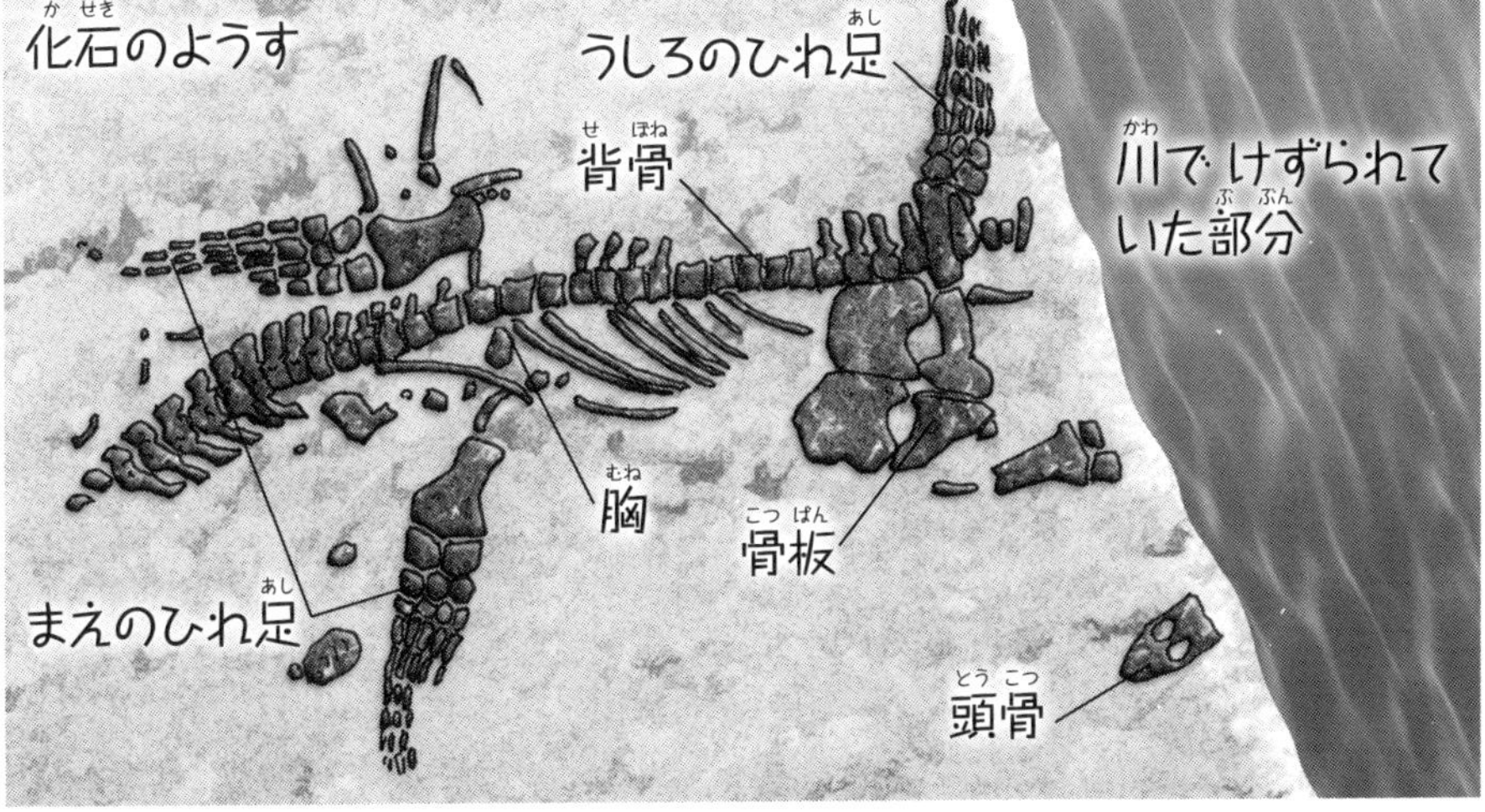

いました。

その首《くび》の骨《ほね》にあたる部分《ぶぶん》を、川《かわ》の水《みず》がけずりとってしまったのでした。

骨《ほね》のうまっている、四トンもある大《おお》きな岩《いわ》は、そのままそっくりとり出《だ》し、トラックにのせて、東京《とうきょう》の国立《こくりつ》科学《かがく》博物館《はくぶつかん》の研究室《けんきゅうしつ》に運《はこ》ばれました。

## よみがえったフタバスズキリュウ

国立《こくりつ》科学《かがく》博物館《はくぶつかん》の研究室《けんきゅうしつ》に運《はこ》ばれた、化石《かせき》

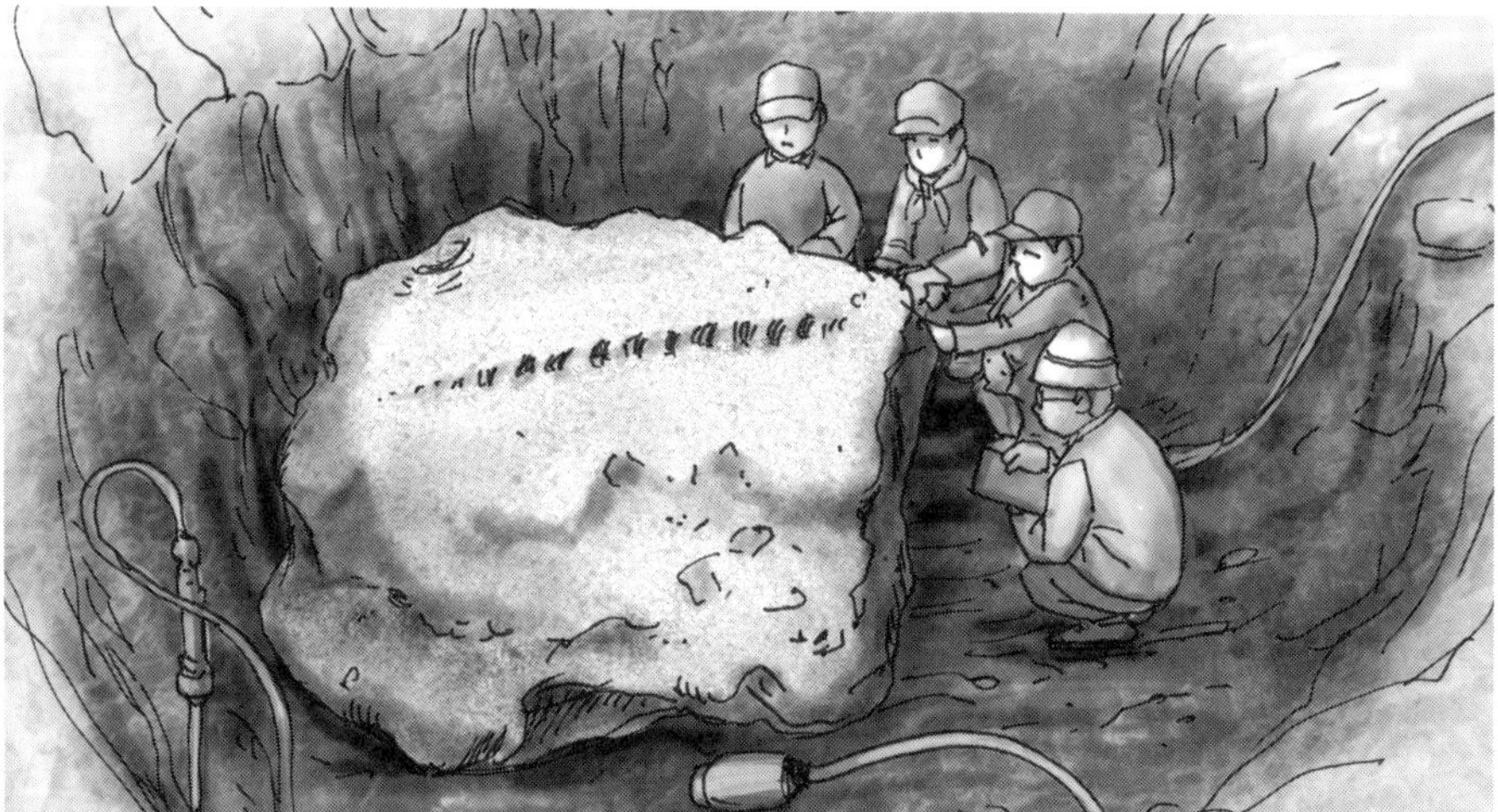

のつまった岩《いわ》（母岩《ぼがん》という）から、ほぼ一年《ねん》がかりで、首長竜《くびながりゅう》の骨《ほね》がとり出《だ》されました。化石《かせき》は、まわりの岩《いわ》よりもやわらかいので、ちょっとむりをすると、ぽろっ、とこわれてしまいます。

そのため、小型《こがた》のハンマーやタガネを使《つか》い、じわじわじわじわじわ、まるではれものにでもさわるようにして、用心《ようじん》ぶかく、まわりの岩《いわ》をはぎとっていくのです。

そばで見《み》ていると、まるで気《き》が遠《とお》くなるような仕事《しごと》です。その作業《さぎょう》を古生物学《こせいぶつがく》では、ク

リーニングとよんでいます。

こうして母岩《ぼがん》から、つぎつぎと化石《かせき》になった首長竜《くびながりゅう》の骨《ほね》がとり出《だ》されました。

まるで、ワニの歯《は》を見《み》るような、するどくとがった歯《は》をもつ頭骨《とうこつ》は、前《まえ》の部分《ぶぶん》から、三分《ぶん》の二ほどがのこっていました。

目《め》の位置《いち》には大《おお》きなあなが二つ、ぽっかりとあいていました。

がっちりとした胸骨《きょうこつ》、背《せ》や腹《はら》を守《まも》る肋骨《ろっこつ》、腰《こし》をささえる骨盤《こつばん》、そしてオールのような、みごとなひれ足《あし》が、床《ゆか》の上《うえ》にならべられまし

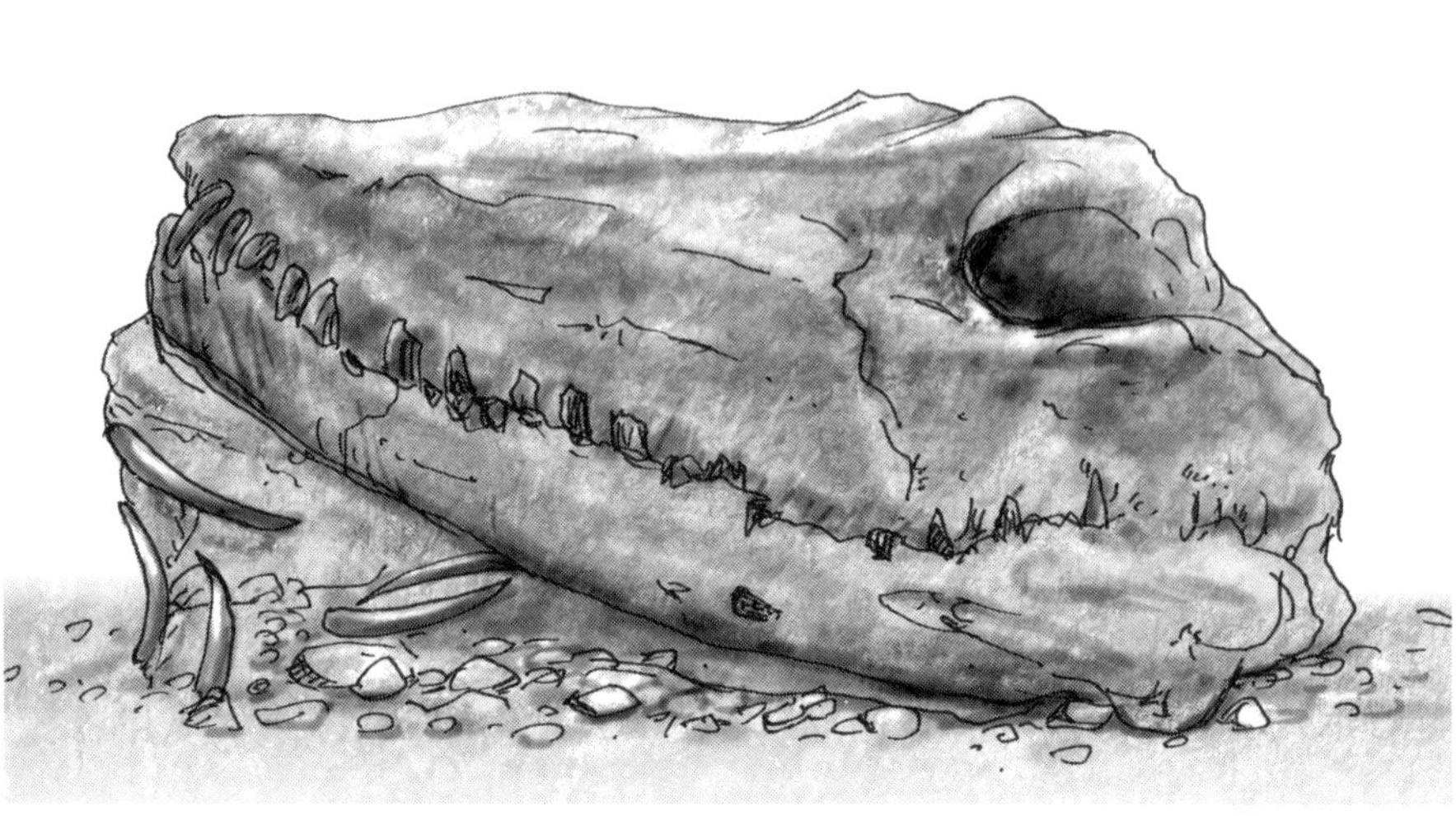

た。

日本《にほん》ではじめて、しかも高校生《こうこうせい》の少年《しょうねん》、鈴《すず》木《き》くんによって発見《はっけん》された首長竜《くびながりゅう》が、みごとに目《め》の前《まえ》にあらわれたのです。

ひれ足《あし》のつけねのあたりから、つきささったままのサメの歯《は》が、いくつも見《み》つかりました。

そのことで、首長竜《くびながりゅう》がサメとたたかったことがあきらかになりました。サメの歯《は》は、相《あい》手《て》にかみついたあと、歯《は》がぬけるしくみになっているのです。

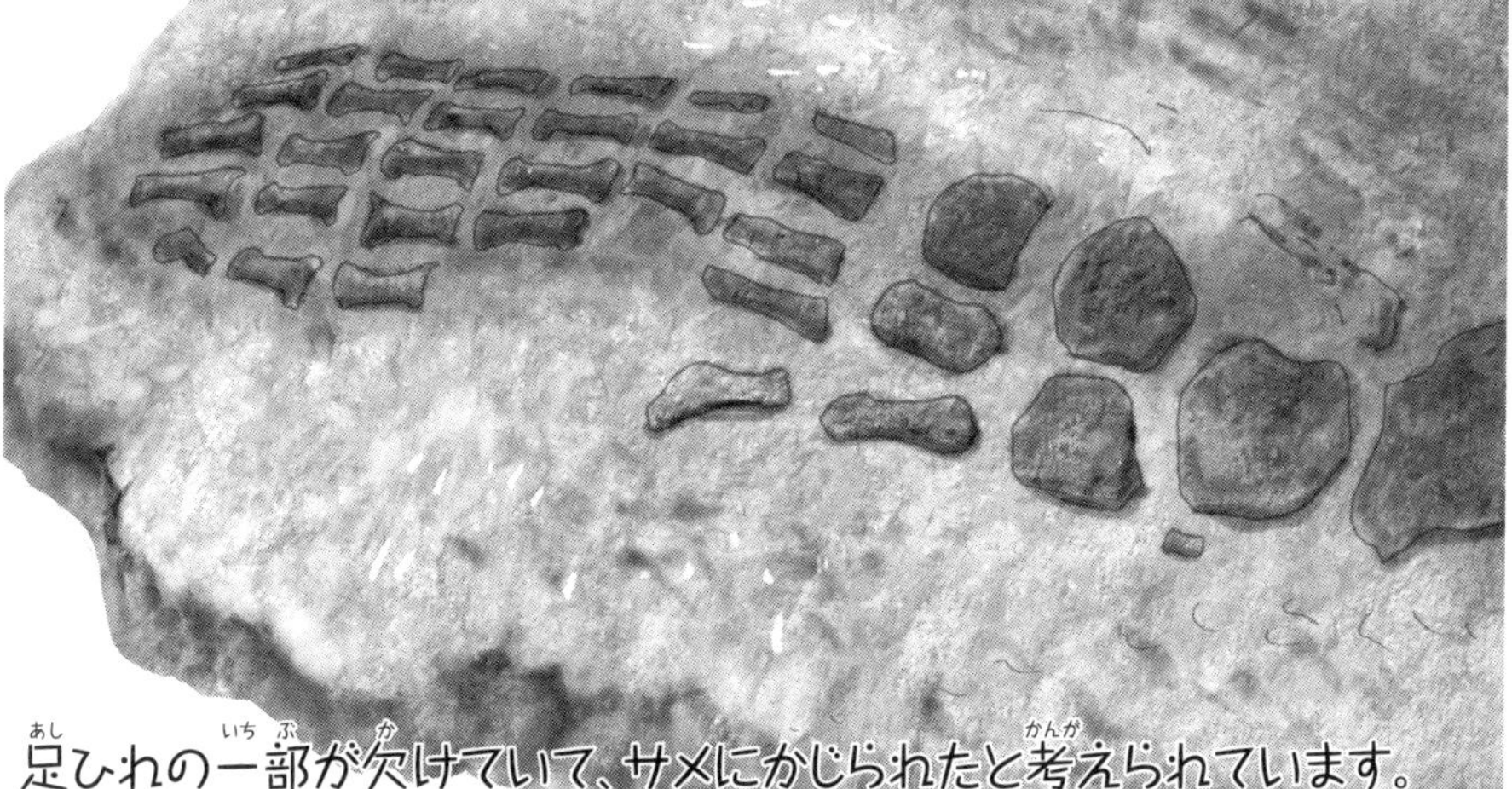

足《あし》ひれの一部《いちぶ》が欠《か》けていて、サメにかじられたと考《かんが》えられています。

また、胃《い》のあたりから、おとなのにぎりこぶしほどのものから、親指《おやゆび》ほどの大《おお》きさのものまで、大小《だいしょう》さまざまな石《いし》が、四〇個《こ》ほども出《で》てきました。

それは「胃石《いせき》」といい、食《た》べた魚《さかな》などを、胃《い》ぶくろの中《なか》ですりつぶすために、飲《の》みこんだ石《いし》です。

アメリカやヨーロッパなどからも、きょうりゅうのおなかから、こうした胃石《いせき》が発見《はっけん》されています。

発見《はっけん》されたすべての骨《ほね》から、川《かわ》の流《なが》れでけ

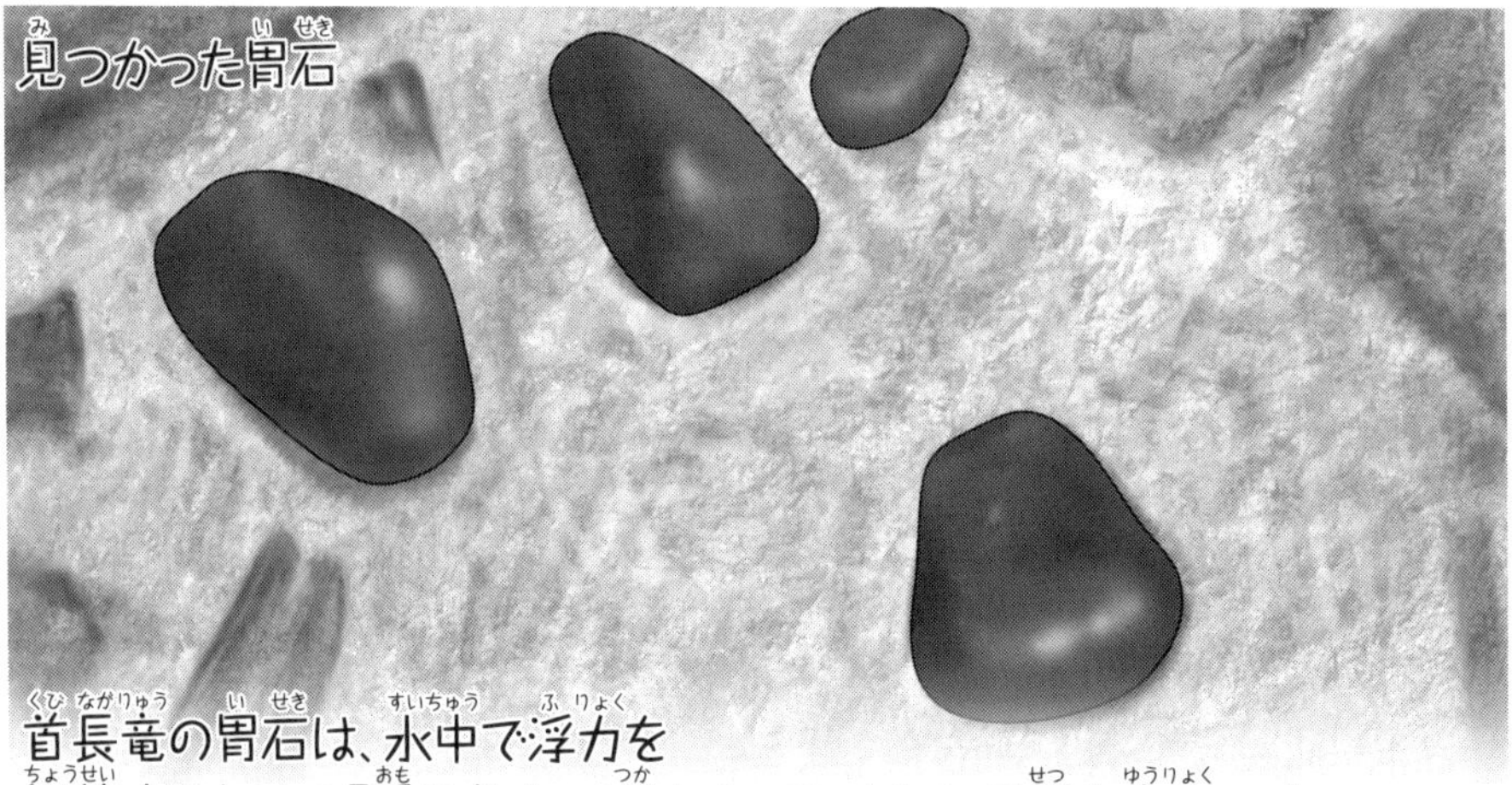

見《み》つかった胃石《いせき》

首長竜《くびながりゅう》の胃石《いせき》は、水中《すいちゅう》で浮力《ふりょく》を調整《ちょうせい》するための「重《おも》り」として使《つか》われていたという説《せつ》も有力《ゆうりょく》です。

ずりとられてしまった、首《くび》の骨《ほね》についての研《けん》究《きゅう》がはじまりました。

アメリカなどで発見《はっけん》されている首長竜《くびながりゅう》を参《さん》考《こう》にしながら、首《くび》の骨《ほね》が、どれくらいの長《なが》さだったかが計算《けいさん》されました。

発掘《はっくつ》された首長竜《くびながりゅう》は、プレシオサウルス類《るい》とよばれる首長竜《くびながりゅう》の中《なか》では、白亜紀《はくあき》に生息《せいそく》していたエラスモサウルスに、もっとも近《ちか》いことがあきらかになりました。

そこで、ほかの骨《ほね》の大《おお》きさや形《かたち》をもとに、首《くび》の長《なが》さが計算《けいさん》されました。

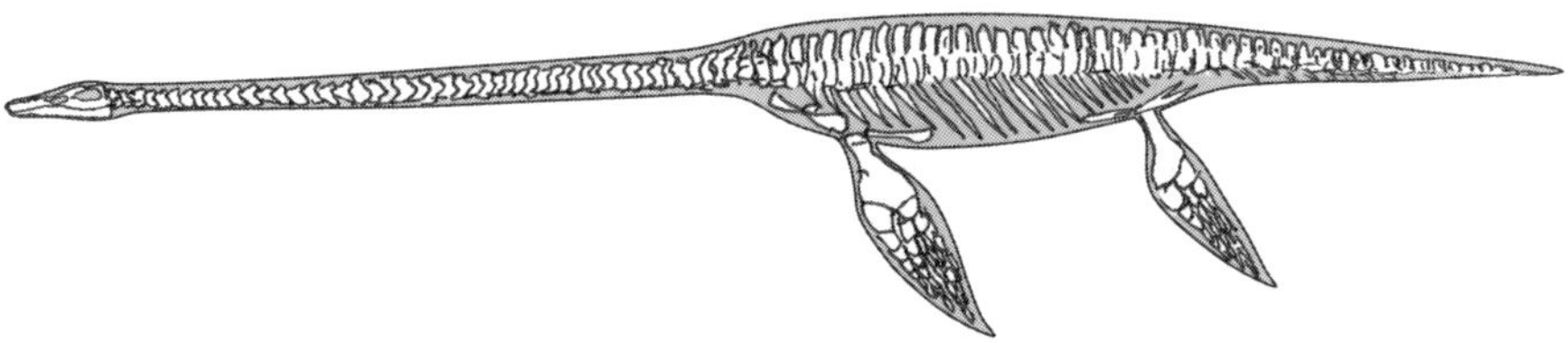

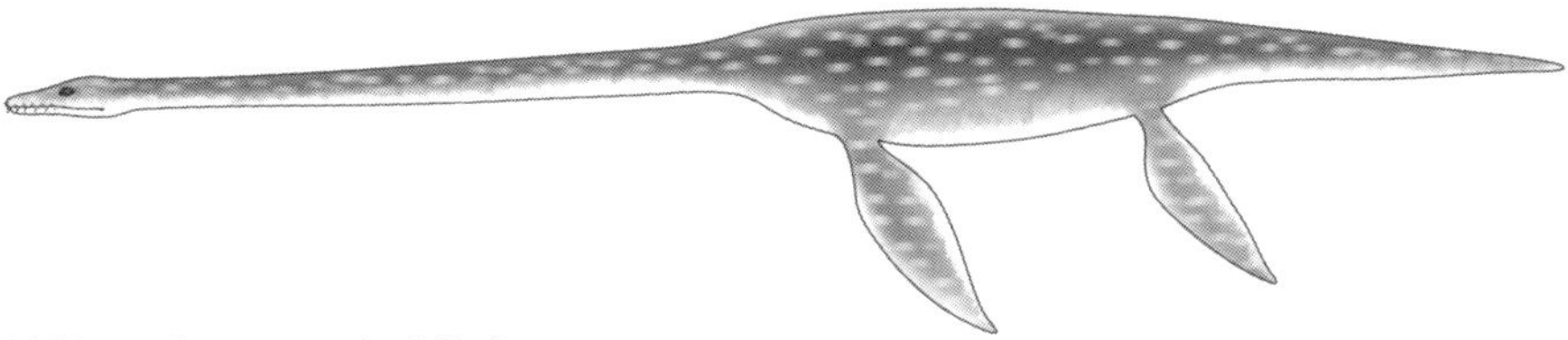

復元《ふくげん》に使《つか》われた首長竜《くびながりゅう》・ヒドロテロサウルス

こうして、発掘後《はっくつご》およそ二年《ねん》の歳月《さいげつ》のあと、みごとな首長竜《くびながりゅう》のすがたが、わたしたちの目《め》の前《まえ》にあらわれたのです。

全長《ぜんちょう》六・五メートル、首《くび》の長《なが》さは、そのやく半分《はんぶん》ほどもあり、前《まえ》びれをひろげたはばは、およそ三・五メートルの、すばらしい首長竜《くびながりゅう》です。

もちろん、復元《ふくげん》にあたっては、プラスチックで、化石《かせき》とまったくおなじ模型《もけい》がつくられ、化石《かせき》は、だいじに保管《ほかん》されました。

この首長竜《くびながりゅう》には、発見地《はっけんち》の地層《ちそう》である「双《ふた》

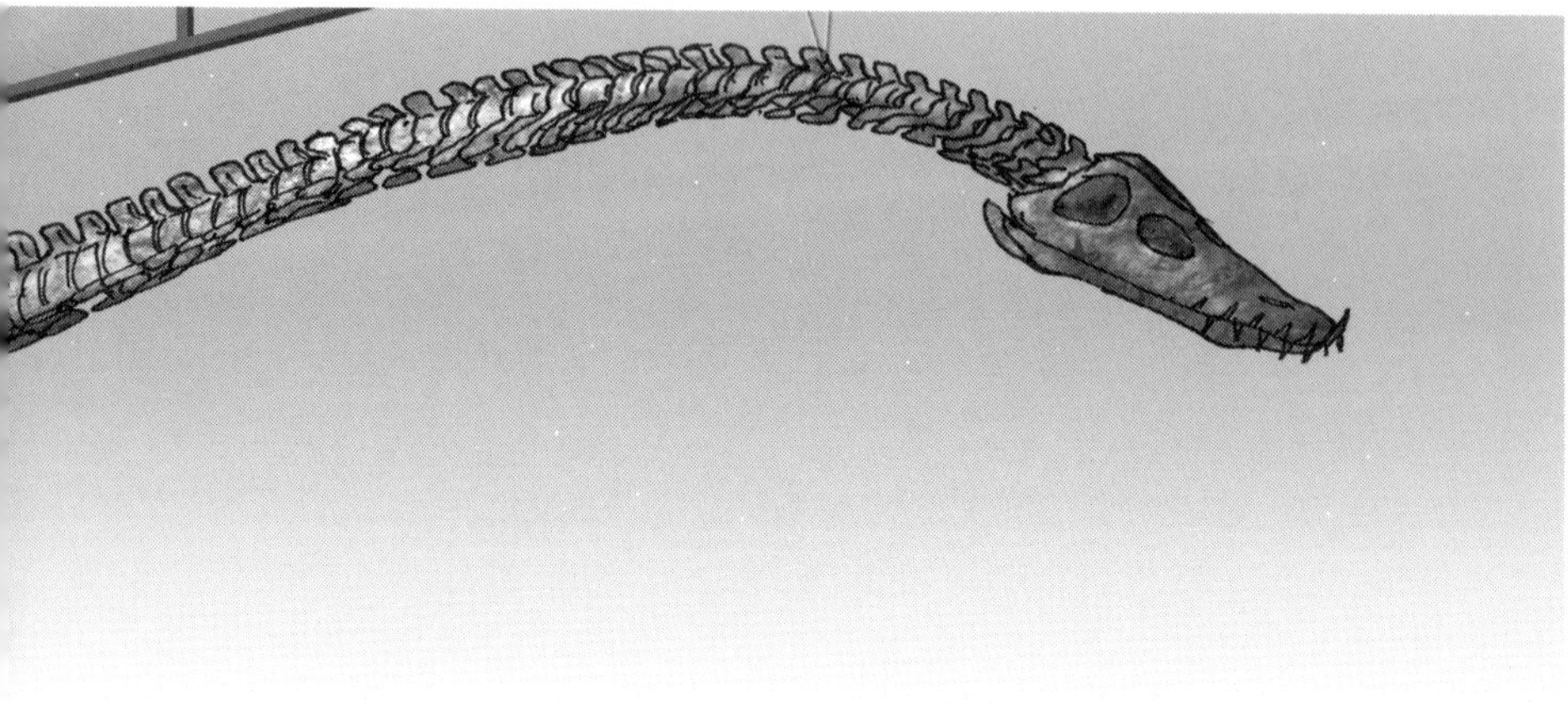

いわき市《し》 石炭《せきたん》・化石館《かせきかん》に展示《てんじ》されている復元模型《ふくげんもけい》

葉層《ばそう》」と、発見者《はっけんしゃ》「鈴木《すずき》くん」の名《な》まえをとって、「フタバスズキリュウ」と名《な》づけられました。

そして、それから三八年《ねん》たった二〇〇六年《ねん》、世界《せかい》の学会《がっかい》からようやく新種《しんしゅ》と認《みと》められ、その名《な》も「フタバサウルス・スズキイ」と、正式《せいしき》の名《な》まえになったのです。

オーストラリアもふくめて、アジアではじめて発見《はっけん》された海《うみ》の王者《おうじゃ》フタバスズキリュウは、こうして誕生《たんじょう》しました。

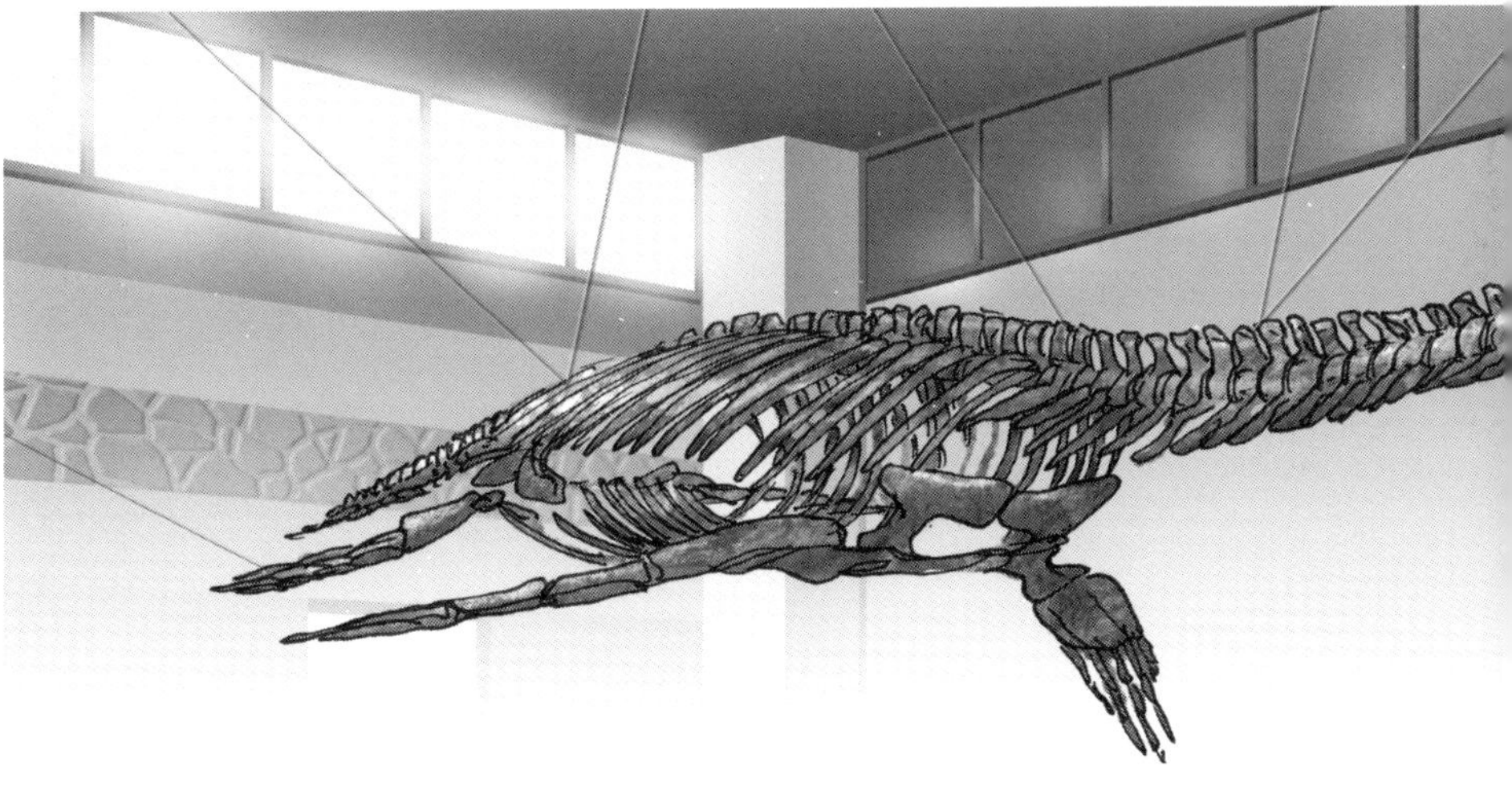

鈴木《すずき》くんのすむ、いわき市《し》の石炭《せきたん》・化石館《かせきかん》には、そのフタバスズキリュウの復元模型《ふくげんもけい》が大《おお》きく展示《てんじ》されています。

そして鈴木《すずき》くん、いえ成長《せいちょう》した鈴木直《すずきただし》さんはその後《ご》、化石発見地近《かせきはっけんちちか》くにできた、いわき市《し》アンモナイトセンターに勤務《きんむ》し、主任研究員《しゅにんけんきゅういん》として、二〇一六年《ねん》に退職《たいしょく》されるまできょうりゅうや化石《かせき》の研究《けんきゅう》にとり組《く》まれました。

みなさんも機会《きかい》があったら、ぜひたずねてみてください。

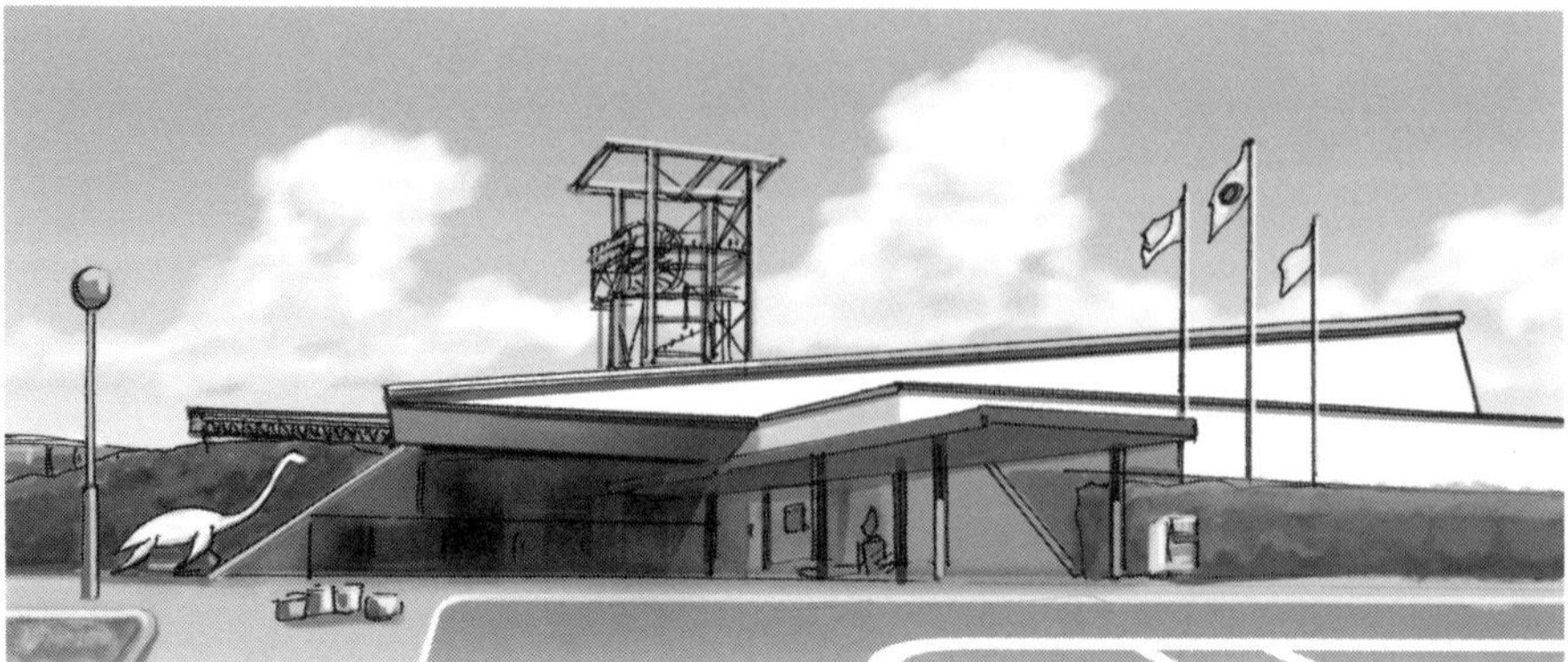

いわき市《し》 石炭《せきたん》・化石館《かせきかん》

## サメとたたかったフタバスズキリュウ

この本《ほん》のものがたりでは、最後《さいご》にフタバスズキリュウたちが、サメを相手《あいて》にたたかうようすをえがきました。

もちろん、あくまでも、想像《そうぞう》でえがいたものですが、先《さき》にも書《か》いたように、フタバスズキリュウの骨《ほね》に、サメの歯《は》がつきささっていたことや、骨《ほね》のまわりから、たくさんのサメの骨《ほね》が見《み》つかったことをもとに、サメとのた

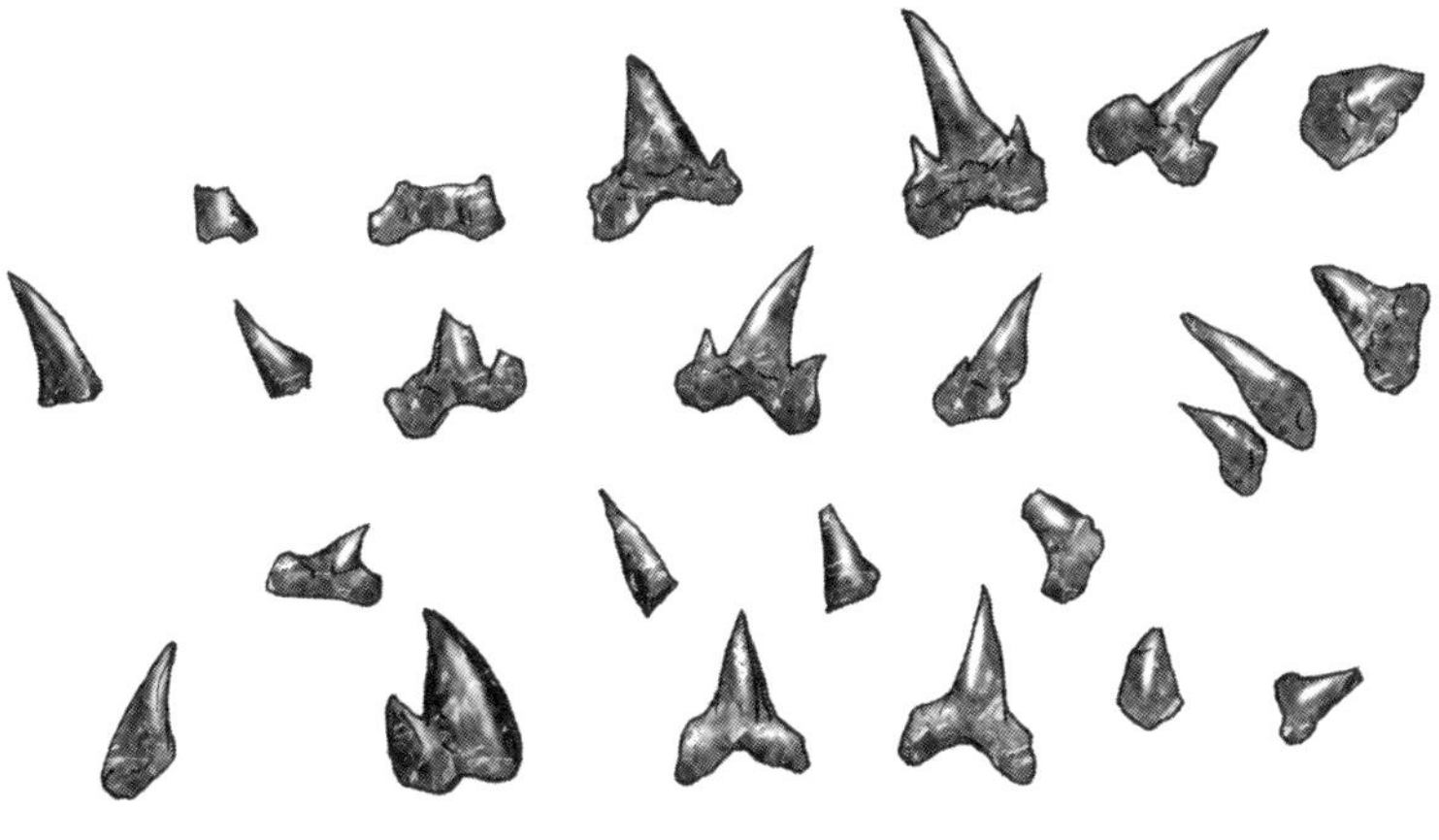

フタバスズキリュウと一緒《いっしょ》に見《み》つかったサメの歯《は》の化石《かせき》

たかいをえがいたのです。

サメは、いまでも海《うみ》のギャングとたとえられるほど、こわい魚《さかな》です。

この海《うみ》のギャングは、大《おお》むかしから海《うみ》にいて、魚《さかな》たちを追《お》いまわして食《た》べました。

サメの祖先《そせん》は、四億年《おくねん》いじょう前《まえ》からすんでいたといわれます。

「クラドセラケ」とよばれるサメは、長《なが》さが二メートルほどで、北《きた》アメリカや、ヨーロッパなどから、化石《かせき》が発見《はっけん》されています。

「ヒボドゥス」は、首長竜《くびながりゅう》がいた白亜紀《はくあき》に、

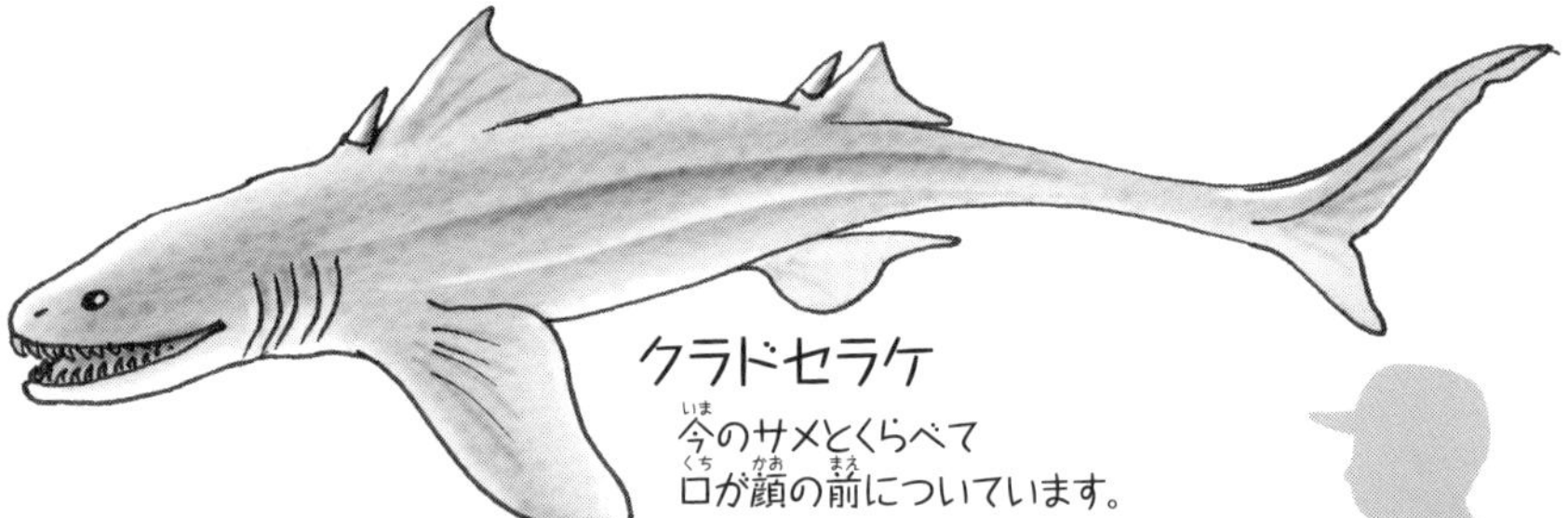

クラドセラケ

今《いま》のサメとくらべて口《くち》が顔《かお》の前《まえ》についています。

ステタカントゥス

頭《あたま》のかざりで身《み》をまもったようです。

世界《せかい》じゅうの海《うみ》にいたサメです。長《なが》さは二メートルいじょうもあり、海《うみ》のギャングにふさわしいすがたをしています。

サメの歯《は》は、たえずぬけかわり、一週間《しゅうかん》にいちどくらいで、すべての歯《は》が生《は》えかわります。そして、相手《あいて》にかみついたとたんに、サメの歯《は》はぬけるのです。

フタバスズキリュウの骨《ほね》につきささっていたサメの歯《は》は、そのことをものがたっていたのでした。

この本《ほん》には、海《うみ》のサメのほかに、翼竜《よくりゅう》のプ

首長竜《くびながりゅう》だけじゃない! 海《うみ》にいた生《い》きものたち④ ＜サメの仲間《なかま》＞

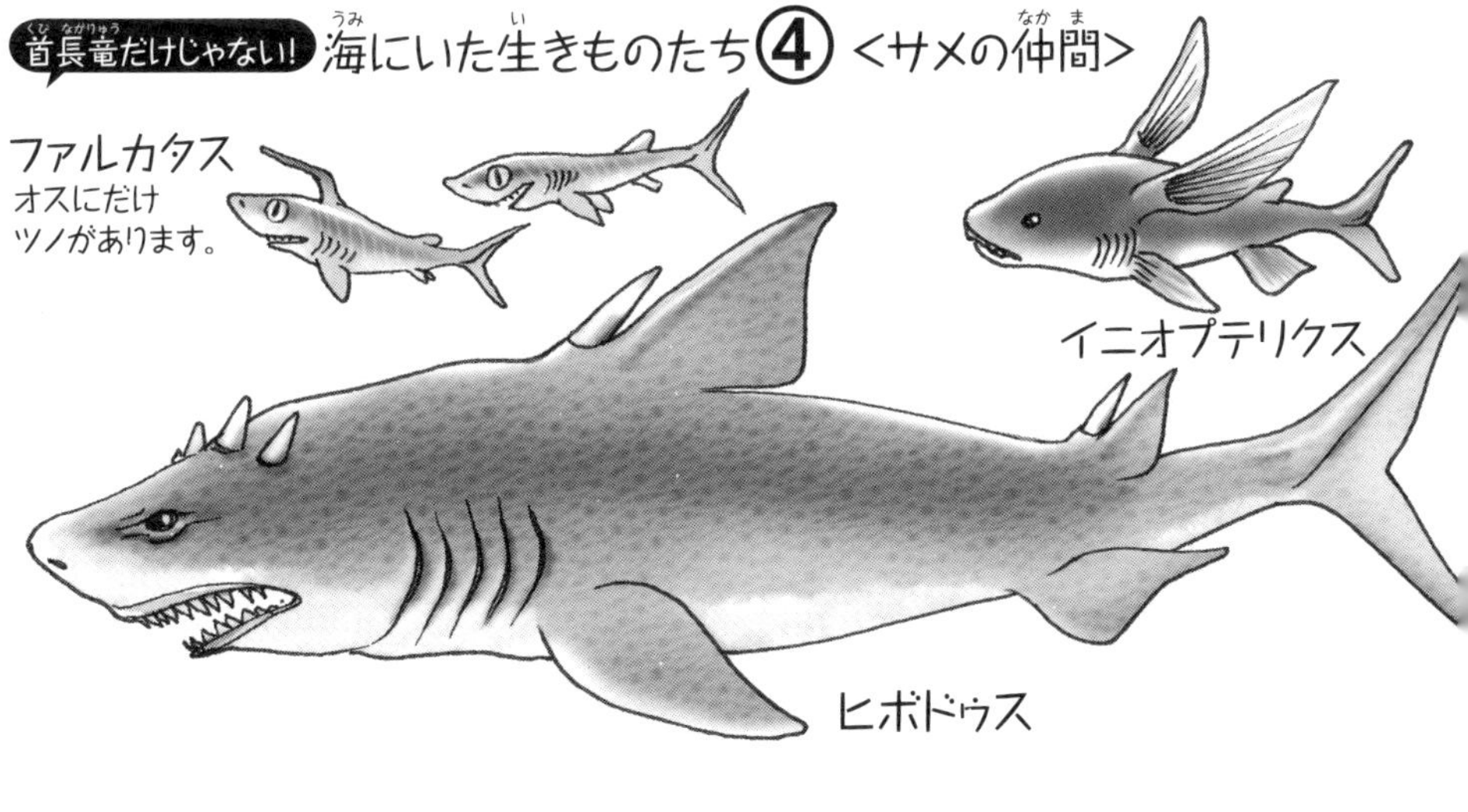

テラノドンが登場《とうじょう》します。このシリーズの一冊《さつ》『プテラノドン』は、空《そら》にいた翼竜《よくりゅう》のものがたりです。

プテラノドンは、翼竜《よくりゅう》の中《なか》では、ケツァルコアトルスについで大《おお》きく、つばさをひろげた長《なが》さが、七～八メートルもありました。

その大《おお》きなつばさをひろげて、大空《おおぞら》をとびまわり、小動物《しょうどうぶつ》や魚《さかな》などをとって食《た》べていただろうと考《かんが》えられています。

北《きた》アメリカで発見《はっけん》されたプテラノドンのおなかから、小魚《こざかな》の骨《ほね》が出《で》てきました。

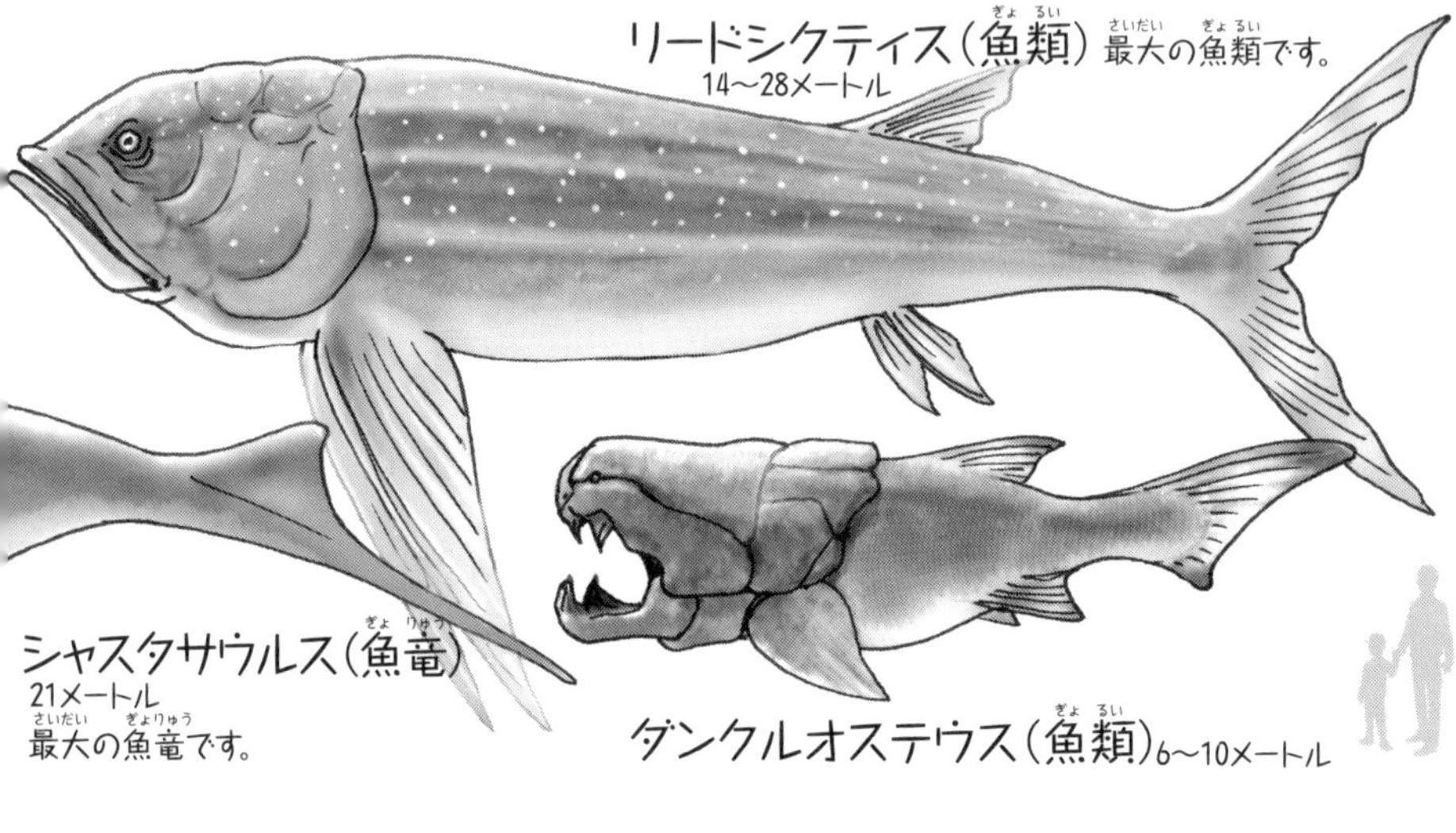

そのことから、プテラノドンは、おおざっぱにいえば、いまのアホウドリのように、海岸《かいがん》に面《めん》した高《たか》いところをすみかにして、海《うみ》にいる魚《さかな》を食《た》べていたのではないか、と考《かんが》えられています。

一方《いっぽう》、前《まえ》にものべたように、おなじ北《きた》アメリカで発見《はっけん》された首長竜《くびながりゅう》のおなかに、プテラノドンの骨《ほね》があったことから、首長竜《くびながりゅう》が、空《そら》をとぶプテラノドンをねらって、食《た》べていたことがわかりました。

この本《ほん》のものがたりは、そうした事実《じじつ》をも

首長竜《くびながりゅう》だけじゃない! 海《うみ》にいた生《い》きものたち⑤ <巨大魚《きょだいぎょ》たち>

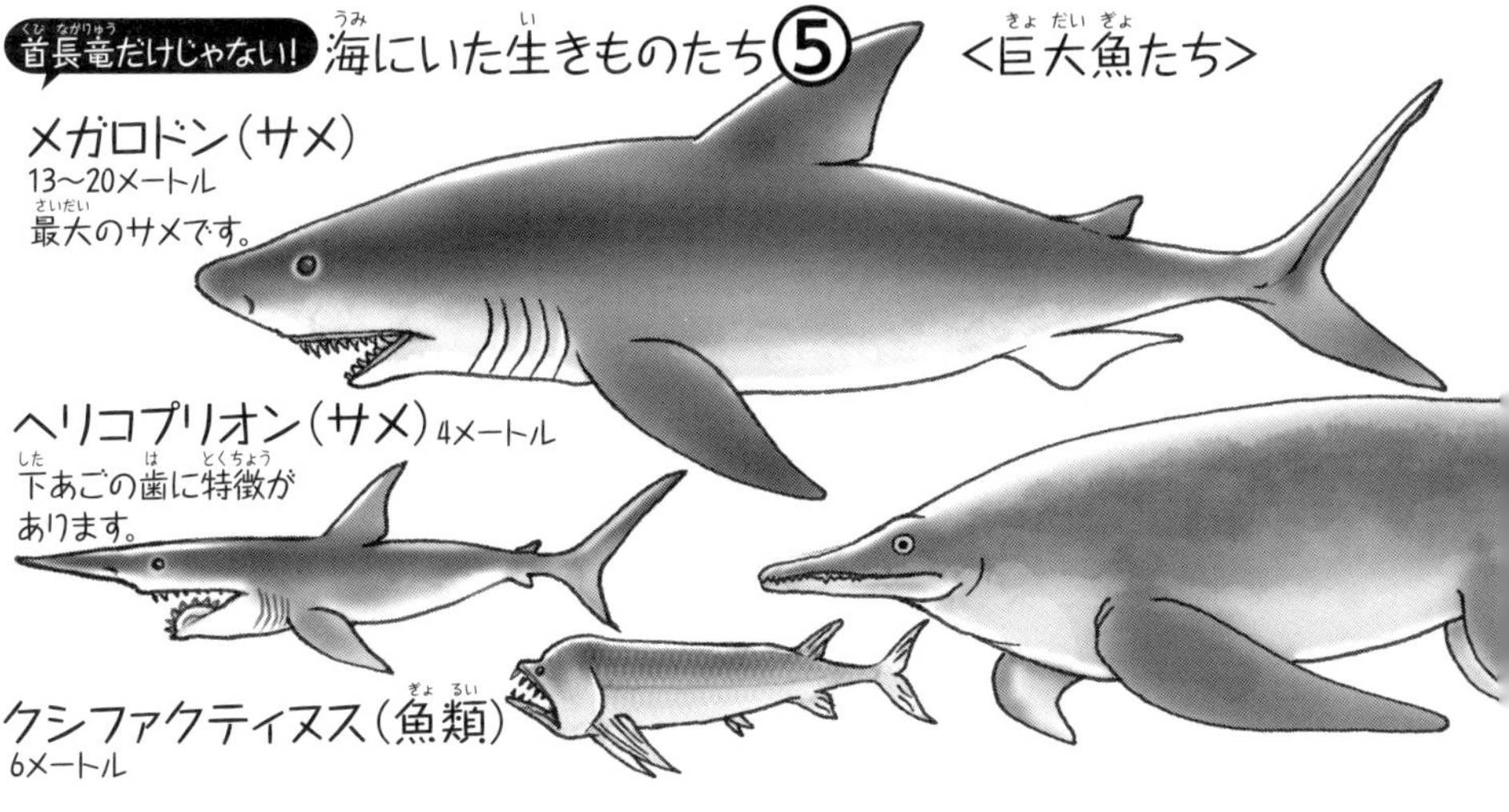

とにして書《か》いたのです。

　さて、最後《さいご》になりましたが、ものがたりのはじめに、北《きた》の海《うみ》にすんでいたフタバスズキリュウが、南《みなみ》の海《うみ》へ長《なが》い旅《たび》をするところが、えがかれています。それは、北《きた》の海《うみ》がだんだんつめたくなって、すめなくなったことによるのだ、と書《か》きました。

　なぜ、つめたくなったのか。それは、宇宙《うちゅう》のかなたからとんできた巨大《きょだい》な隕石《いんせき》が、地球《ちきゅう》にしょうとつし、そのため空《そら》にまいあがったほこりで地球《ちきゅう》がおおわれ、太陽《たいよう》の熱《ねつ》をとおさ

きょうりゅうたちが ほろんだ後《あと》も生《い》きのこっている水中《すいちゅう》の生《い》きものたちです。

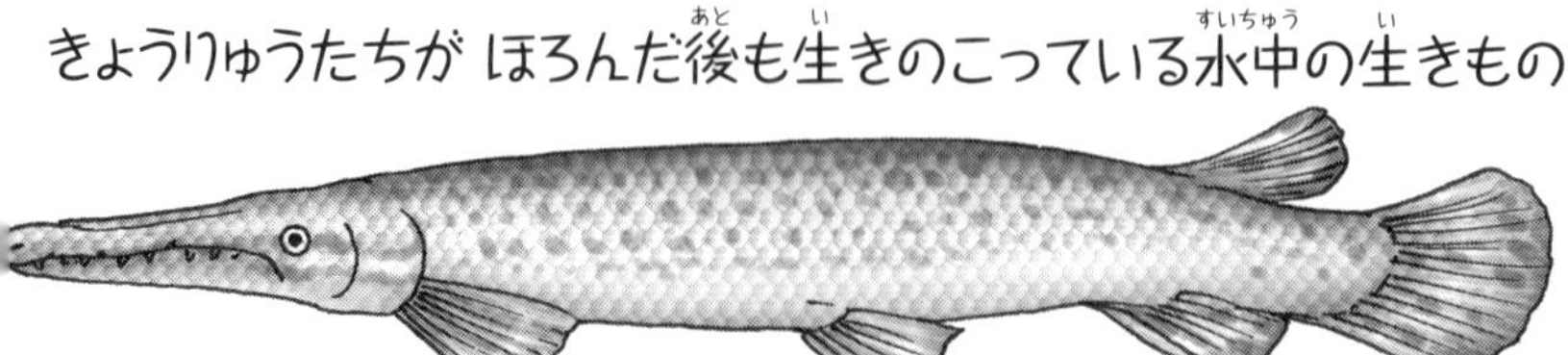

アリゲーター・ガー（魚類《ぎょるい》）

オウムガイ（イカの仲間《なかま》）

カブトガニ（クモの仲間《なかま》）

なくなったからだと考《かんが》えられています。

はたして、ほんとうに、そんなことがあったのでしょうか……。

これは、大問題《だいもんだい》です。首長竜《くびながりゅう》だけではなく、地上《ちじょう》のきょうりゅうや、空《そら》の翼竜《よくりゅう》にとっても、たいへんなできごとでした。

その隕石大《いんせきだい》しょうとつについては、このシリーズ『アンキロサウルス』を、ぜひ読《よ》んでくださるよう、おすすめします。

首長竜《くびながりゅう》については、まだたくさんのなぞが

まだ生《い》きのこっている! <生《い》きた化石《かせき》>

シーラカンス(魚類《ぎょるい》)

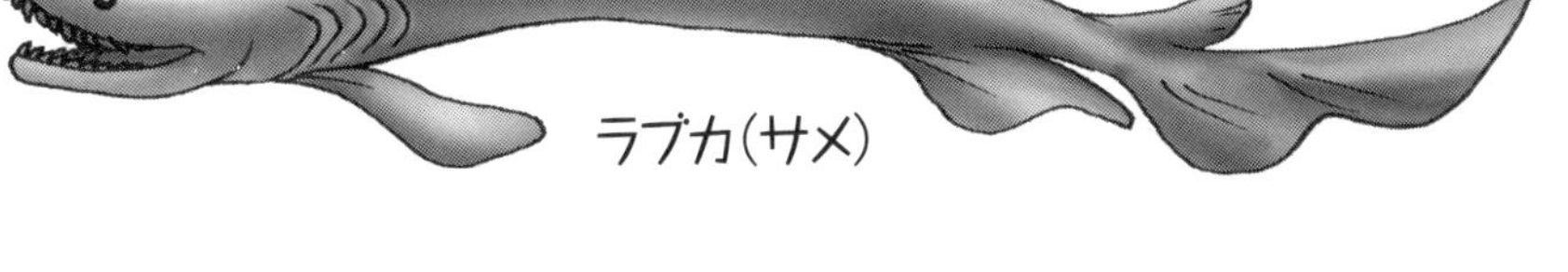

ラブカ(サメ)

のこされています。その大《おお》きななぞのひとつが、「首長竜《くびながりゅう》は、どこでたまごを生《う》んだか」です。海《うみ》ガメのように陸《りく》で生《う》んだのか、あるいは海中《かいちゅう》で生《う》んだのか。両方《りょうほう》の説《せつ》がありますが、まだまだわかっていません。

きょうりゅうは、これまで名《な》まえがつけられたものだけでも一〇〇〇種類《しゅるい》といわれています。これからもたくさんの化石《かせき》が発掘《はっくつ》され、新《あたら》しい研究《けんきゅう》も進《すす》むことでしょう。

わたしたちも楽《たの》しみに、それを待《ま》つことにいたしましょう。

ポリコティルスという首長竜《くびながりゅう》がお腹《なか》の赤《あか》ちゃんと一緒《いっしょ》に発見《はっけん》されました。他《ほか》にも魚竜《ぎょりゅう》のイクチオサウルスなど、たまごを生《う》まずに、子《こ》どもを生《う》むタイプの海竜《うみりゅう》がいたことがわかってきています。

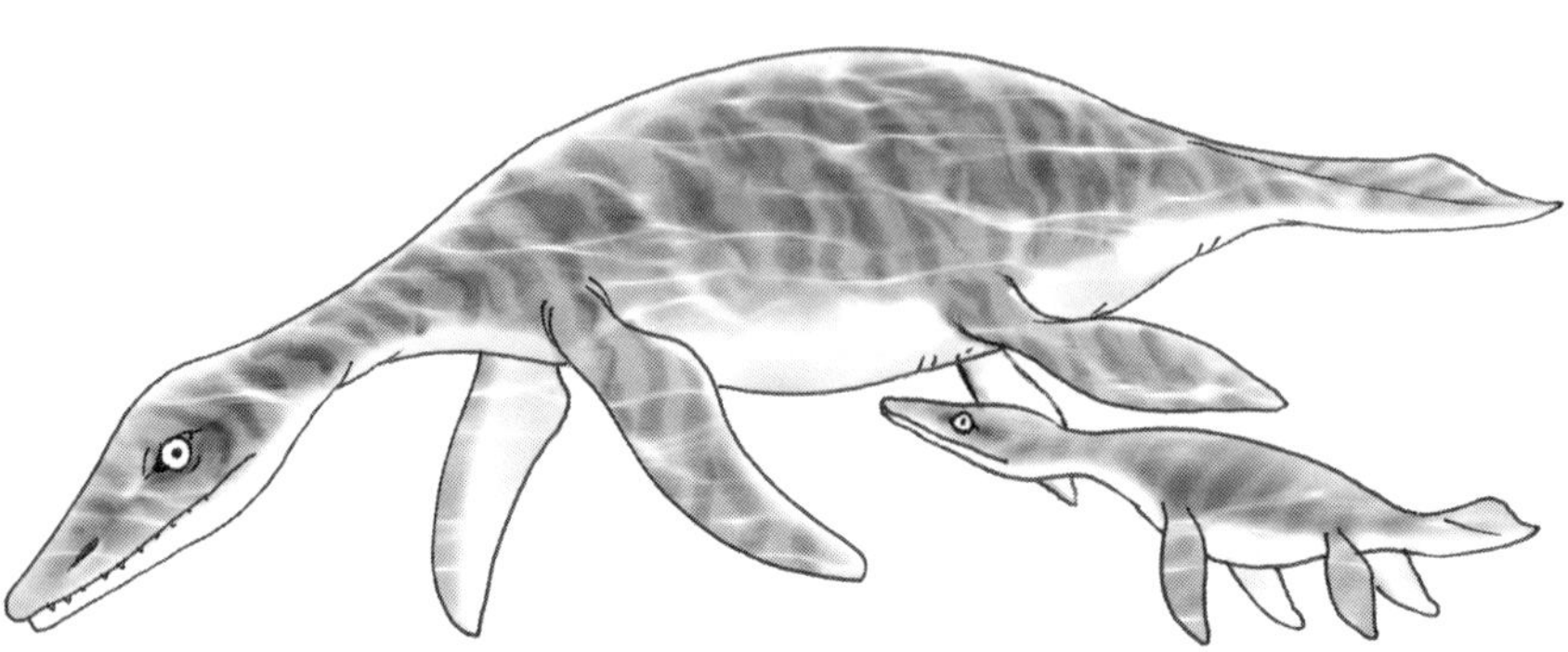

**たかしよいち**

1928年熊本県生まれ。児童文学作家。壮大なスケールの冒険物語、考古学への心おどる案内の書など多くの作品がある。主な著作に『埋ずもれた日本』（日本児童文学者協会賞）、『竜のいる島』（サンケイ児童図書出版文化賞・国際アンデルセン賞優良作品）、『狩人タロの冒険』などのほか、漫画の原作として「まんが化石動物記」シリーズ、「まんが世界ふしぎ物語」シリーズなどがある。

**中山けーしょー**

1962年東京都生まれ。本の挿絵やゲームのイラストレーションを手がける。主な作品に、小前亮の「三国志」シリーズ、「逆転！痛快！日本の合戦」シリーズなどがある。現在は、岐阜県在住。

◇本書は、2002年1月に刊行された「まんがなぞとき恐竜大行進 15 およげるぞ！フタバスズキリュウ」を、最新情報にもとづき改稿し、新しいイラストレーションによってリニューアルしました。

新版なぞとき恐竜大行進

**フタバスズキリュウ** 日本の海にいた首長竜

2017年 7 月初版
2021年 10月第 2 刷発行

文　たかしよいち

絵　中山けーしょー

発行者　内田克幸

発行所　株式会社理論社
〒101-0062 東京都千代田区神田駿河台 2-5
電話［営業］03-6264-8890［編集］03-6264-8891
URL https://www.rironsha.com

企画…………山村光司

編集・制作…大石好文

デザイン……新川春男（市川事務所）

組版…………アズワン

印刷・製本…中央精版印刷

制作協力……小宮山民人


ISBN978-4-652-20201-2 NDC457 A5変型判 21cm 86P

遠いとおい大昔、およそ１億６千万年にもわたって
たくさんの恐竜たちが生きていた時代――。
かれらはそのころ、なにを食べ、どんなくらしをし、
どのように子を育て、たたかいながら……
長い世紀を生きのびたのでしょう。
恐竜なんでも博士・たかしよいち先生が、
新発見のデータをもとに痛快にえがく
「なぞとき恐竜大行進」シリーズが、
新版になって、ゾクゾク登場!!

新版 なぞとき恐竜大行進

**第Ⅰ期 全5巻**

①フクイリュウ　福井で発見された草食竜
②アロサウルス　あばれんぼうの大型肉食獣
③ティラノサウルス　史上最強！恐竜の王者
④マイアサウラ　子育てをした草食竜
⑤マメンチサウルス　中国にいた最大級の草食竜

**第Ⅱ期 全5巻**

⑥アルゼンチノサウルス　これが超巨大竜だ！
⑦ステゴサウルス　背びれがじまんの剣竜
⑧アパトサウルス　ムチの尾をもつカミナリ竜
⑨メガロサウルス　世界で初めて見つかった肉食獣
⑩パキケファロサウルス　石頭と速い足でたたかえ！

**第Ⅲ期 全5巻**

⑪アンキロサウルス　よろいをつけた恐竜
⑫パラサウロロフス　なぞのトサカをもつ恐竜
⑬オルニトミムス　ダチョウの足をもつ羽毛恐竜
⑭プテラノドン　空を飛べ！巨大翼竜
⑮フタバスズキリュウ　日本の海にいた首長竜